U0051904

主子親自動手作 23 款
可愛狗衣服&布小物

活力滿分の
狗狗穿搭
設計書

監修
武田斗環

為人氣品種的
可愛狗狗量身訂作！

Ｔ恤・連帽衣
連身裙等……
總共 **23** 種
不同設計款式！

歡迎來到為愛犬親手訂製服裝的世界！

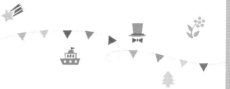

這本書和目前市面上的書不同的部分有兩點。

首先，可依照品種來選擇適合的服裝造型搭配。

為了許多煩惱著不知如何製作愛犬時尚服飾的讀者們，本書介紹了像是玩具貴賓犬的北歐風造型、吉娃娃的時尚法式海軍風造型、臘腸犬的帥氣美國街頭風造型、博美狗的可愛自然俏皮造型、復古風的柴犬紳士造型……不同造型都可以選擇適合的顏色及花紋。

另外所有紙型均含縫份。因為縫份是在製作衣服過程當中重要的一環，但有的讀者可能不熟縫紉，因此加上縫份，以利於讀者製作服裝。

一起來動手作出適合自己愛犬的百搭款式吧！

監修者

武田 斗環 ● milla milla ● 狗狗服飾打版師／設計師／講師／milla milla株式會社代表

出生於大阪，畢業於紐西蘭國立維多利亞大學。曾於生活用品品牌擔任設計師，之後與朋友一起創設狗狗服飾品牌。2009年懷孕後，成立milla milla狗狗紙型販賣店，在家中開發研究可簡單動手作的狗狗紙型，除了提供了日本國內外60萬種以上的款式紙型，也促成日本100間以上均使用milla milla紙型的狗狗相關服飾品牌誕生。以主婦的喜好為研究目標，已成為狗狗服飾界中不可或缺的存在。致力於培養相關講師、雜誌專欄、二手服改造比賽等。著有《自己作狗狗服》（寶島社）。

活 力 滿 分 の 狗 狗 穿 搭 設 計 書

主子親自動手作23款
可愛狗衣服＆布小物

監修　武田斗環

● 犬種品種尺寸

本書所刊載的服飾，依照玩具型貴賓犬‧吉娃娃‧臘腸狗‧柴犬‧博美狗各自的尺寸來製作。參考下方的尺寸選擇款式，便可輕鬆調整紙型＆順利完成。

品種	頸圍	胸圍	身長	體重	同樣體型尺寸相近的品種
玩具型貴賓犬	18～22cm	35～40cm	35～38cm	3～4kg	臘腸狗（無袖款式）‧博美狗‧西施等
吉娃娃	15～19cm	15～19cm	25～30cm	2～3kg	約克夏‧小杜賓狗‧博美狗‧瑪爾濟斯‧玩具型貴賓犬等
臘腸狗	22～26cm	44～49m	35～38cm	4～6kg	迷你臘腸狗‧玩具型貴賓犬‧雪納瑞等
柴犬	31～35cm	54～59cm	35～40cm	9～12kg	米格魯犬‧查理士小獵犬‧粗毛獵狐梗犬‧美國可卡獵犬‧英國可卡獵犬等
博美狗	18～22cm	35～40cm	25～30cm	3～4kg	小杜賓狗‧蝴蝶犬‧瑪爾濟斯等

Contents

Chapter 1

狗狗時尚秀

本書主要針對5種超人氣品種狗，配合牠們的特徵來介紹各

種款式。當然也可以給其他品種的愛犬來搭配，請參考這

些狗狗的時尚造型，選擇適合自己愛犬氛圍的服裝吧！可

以自行更換布料，製作出更加適合愛犬氣質的款式，也很

不錯喔！

Nordic

Toy Poodle

玩具型貴賓犬

北歐造型

出身歐洲的玩具型貴賓犬。俏皮捲曲的毛髮及濃密的捲毛，
非常適合穿上北歐風格的服裝。

模特兒犬種 玩具型貴賓犬

小安

高領 T 恤，從肩膀
到袖子以一片布料設
計。不論是男生還是
女生，都可以輕鬆搭
配。選擇適合狗狗的
素材，試著作作看
吧！

迂！

製作重點建議

高領款式非常適合脖子長
的玩具型貴賓犬，不但可
以反摺，也可以垂墜摺疊
起來搭配。

How to
make
製作方法 ────────▶ 高領 T 恤　　P50

這件衣服
好看嗎？

摩卡

款式變化
Variation

可以讓我
出去玩嗎？

美露

今天的零食
是什麼呢？

波奇

迋！

製作重點建議

改變袖子和羅紋布料，
或搭配不同的前片布
料，就能享受布料組合
的樂趣。

How to
make
製作方法 ⋯⋯⋯⋯⋯⋯ T恤 P52

最素雅的T恤款式，製作方法也非常簡單。請選擇
自己喜好的顏色和圖案。也可以搭配脖圍與其他配
件使用。

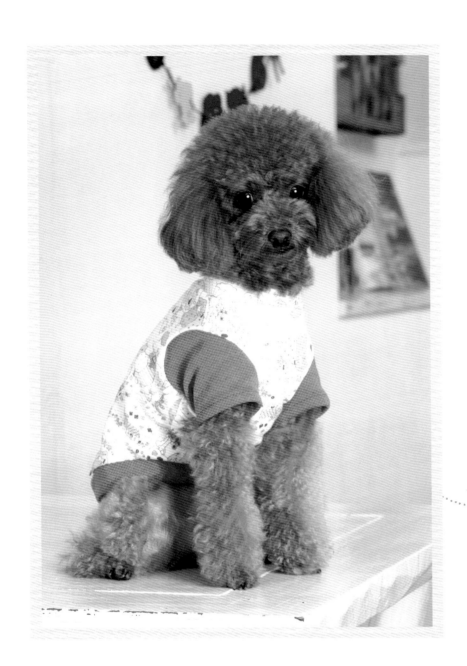

一起玩吧！

汪！

製作重點建議

製作方法簡單，卻很時
尚的款式。腰部抽皺是
設計的重點喔！

air

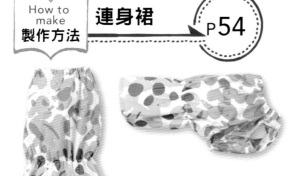

How to
make
製作方法 **連身裙** P54

穿上簡單的連身裙款，看起來就
非常可愛。依照所選擇的布料可
展現復古感或時尚感，配合愛犬
的氣質來製作吧！

我是不是
很可愛呢！

在草地上
好舒服喔！

款式變化

Variation

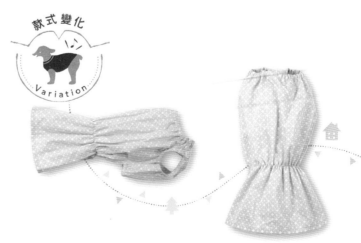

在寒冷的季節一定要準備的
溫暖大衣。毛絨絨的短毛素
材，很適合捲毛的玩具型貴
賓犬，配合毛髮顏色來選擇
布料更棒！可以戴上帽子或
垂放在後側，都很時尚。

How to make
製作方法　大衣　→ P56

迂！

製作重點建議

大衣袖口和帽緣加上短
毛布料設計，搭配木質
鈕釦更有氛圍！

只要使用脖圍就具有保暖效果。
選擇自己喜好的布料,輕鬆就能
製作出來。變化一下尺寸,連一
般成人也可以使用。作出親子配
件,一起去散步吧!

汪! **製作重點建議**

拼布風格的溫暖脖圍。
裡側為短毛素材,保暖
機能一級棒。

How to make
製作方法   **脖圍**   P58

毛小孩 **與主人的**
親子脖圍款式

可以在網路上
獲得免費的紙型喔!

www.millamilla.jp

French Marine

Chihuahua

吉娃娃
法國海軍風造型

吉娃娃是非常有活力與朝氣的犬種，不但適合中性風，也很適合可愛服裝，這次就來試試海軍風吧！

 模特兒犬種 長毛吉娃娃 · 約克夏 · 蝴蝶犬

※和吉娃娃同體型的品種也穿著一樣款式。

製作重點建議

迂！

簡單就可以製作的高領款式。頸部、手腕、下襬使用羅紋布，以拷克機就可輕鬆完成。

巧克胖

小胖

高領款式最適合喜歡在戶外玩耍的元氣狗狗們，無袖的設計，行動起來很方便。雖然是簡單的款式，但只要善用花紋和顏色的組合，就能擠身時尚之列喔！

 How to make 製作方法

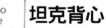 坦克背心

P59

款式變化
Variation

● Olive

陽光好刺眼！

波光粼粼感覺好美～

在散步嗎？

船形領由頸部往兩肩方向擴展，就像船底部的形狀。狗狗穿起來輕鬆又舒適，很適合愛玩的毛小孩們！

How to make
製作方法　船形領 T 恤　　P60

款式變化
Variation

你看我
站起來囉！

汪！
製作重點建議

基本的船形領T恤，和
主人的衣服一樣，也非
常重視領圍的處理。

好想出去玩喔……

How to make
製作方法　襯衫式連身裙　→　P62

製作重點建議

裙片和襯衫布料組合而成的連身裙，搭配帥氣的領台設計。

將各自車縫的襯衫和裙子連接起來，就是連身裙了。特別推薦花布和素面布的組合，搭配上四合釦設計，讓穿脫非常方便。

莉莉

迁！
製作重點建議

非常好穿的套頭連帽衣。帽子內側搭配搶眼色彩或圖案布料，更能增添時尚度喔！

How to make
製作方法

灰色連帽衣

→ P65

基本款的灰色連帽衣，搭配深藍色帽繩和裡布，展現海軍風。表布與裡布可統一使用暖色系或寒色系，或裡布搭配鮮豔顏色，也非常好看！

戴上帽子
的帥氣模樣！

兩側加入剪接設計的上衣。背部的條紋圖案，展現帥氣海軍風，這是一款適合愛玩狗狗的服裝。

迅！ 製作重點建議

不同剪接設計的款式，會給人嶄新的感覺。搭配羅紋布則能突顯運動風。

How to make 製作方法 剪接上衣 ▶ P67

American Casual

Dachshund

臘腸狗
美式街頭風

腿短短的，走起路來搖搖晃晃，是臘腸狗最迷人之處。
搭配上美式街頭風服裝，更顯出魅力。

 模特兒犬種 ▷ 臘腸狗

迅！

製作重點建議

下襬稍稍露出的襯衫布
是主要特點，背面燙貼
上圖案，感覺更帥氣。

結合襯衫和套頭運動衫的美式
街頭風。下襬搭配襯衫布料，
可以展現多層次的感覺，也可
以試著搭配休閒風的顏色。

How to
make
製作方法

多層次風連帽衣

P69

摩可

小蓮

款式變化
Variation

擺這些美美的
姿勢好累⋯⋯

01

NEW YORK

製作重點建議

基本的男裝紳士服款式,搭配可愛的裡布或鈕子,讓時尚感加分吧!

How to make
製作方法

開襟領T恤

P71

胸前鈕釦設計很可愛的開襟領T恤。非常適合胸膛厚實、體格強健的臘腸狗!釦上鈕子更可以給人俏皮的印象喔!

款式變化
Variation

開心♪

How to
make
製作方法   **襯衫連帽衣**   P73

襯衫搭配帽子設計的襯衫式連帽
衣。採用丹寧布和格紋布打造美
式休閒風。垂在頸部的連帽設
計，充滿了休閒感。

汪！
製作重點建議
休閒風格的連帽襯衫，
選擇同一色系的帽子和
襯衫，來增添整體時尚
感吧！

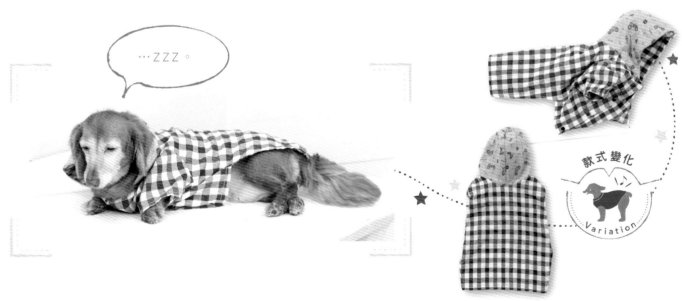

…ZZZ。

款式變化
Variation

為了耳朵較長的
狗狗，避免在散步
時弄髒耳朵而設計的。
因為款式簡單，請搭配鮮豔
的顏色或搶眼圖案布料，來
製造出時尚感吧！

製作重點建議

迂！

不像衣服一樣穿起來太
搶眼，只會覆蓋住臉龐
四周，所以選擇誇張的
圖案布料搭配。內層縫
上鬆緊帶，讓頸部看起
來更清爽簡潔。

How to
make
製作方法　**耳罩式脖圍**　　P76

製作重點建議

使用正反兩面給人不同印象的布料，感覺很新鮮。內附壓棉的布料，保暖機能也非常好。

迂！

How to make
製作方法 雙面壓棉外套 P77

多層次穿搭
好溫暖喔！

Ojisan

Shiba

柴犬
成熟紳士造型

從很久以前就和人類生活在一起的日本柴犬，是有點頑固但性格沉穩的狗狗。
來看看如何打造出時尚的紳士風格。

 模特兒犬種 〉柴犬・粗毛獵狐梗犬
※和柴犬同體型的品種也穿著一樣款式。

小花

狂！

製作重點建議

以螢光色線進行Z字形車縫，更顯時尚感！搭配壓棉針織布，看起來非常溫暖。

How to make
製作方法 **條紋運動衣** → **P79**

使用伸縮性極佳的布料製作，居家穿著也很舒適。因為很保暖，就算外出散步也不需擔心！是非常適合個性派柴犬的裝扮。

米奇

巴吉魯

嘿嘿！

款式變化

Variation

汪!
製作重點建議

不論穿著或製作,都非常簡
單。內側的刷毛布料非常
溫暖,冬天散步時也不會
著涼。使用沉穩的顏色和圖
案,就能給人成熟的感覺。

可以在寒冷的季節裡,
守護愛犬的溫暖大衣。
魔鬼氈的設計,讓穿
脫非常便利。如果採用
防水布料,機能性更佳
喔!

How to make
製作方法 　大衣 → P81

How to make
製作方法　　散步包　　P83

和愛犬衣服成套組
合的散步包包，非
常適合以防水布料
和帆布來製作。裝
飾上別針或徽章，
也很有趣味喔！

汪！

製作重點建議

包包的大小，剛好適合
攜帶外出散步所需物
品。縫製堅固的持手，
即使放進很多東西也沒
問題！

素雅的襯衫搭配白色的袖口布，是具有時尚感的紳士領襯衫。釦上領口釦子，展現帥氣風貌，製作時請特別留意領圍尺寸。是不是很像正在努力工作的上班族呢？

狂！

製作重點建議

使用條紋、格紋或圓點布，都很合適。捲起袖口的樣子很俏皮喔！

酷吧！

How to make
製作方法　　**紳士領襯衫** ➡ P84

Natural

Pomeranian ▸

博美狗
自然俏皮造型

有著柔軟毛髮的乖巧博美狗，是害怕寂寞又惹人憐愛的狗狗。
非常適合自然高雅的裝扮喔！

🐾 模特兒犬種 ➤ 博美狗・迷你雪納瑞・西施＆瑪爾濟斯MIX
※和博美狗同體型的品種也穿著一樣款式。

蘭丸

迂！
製作重點建議

以散發自然風味的亞麻
布料所製作的連身裙，
使用古董蕾絲或花紋布
料也非常可愛！

How to
make
製作方法 **亞麻連身裙** P87

可愛的亞麻寬鬆連身裙款式，柔軟的材質穿起來非常舒適。
走起路來，裙擺搖曳的感覺很可愛唷！

一起去散步吧～♪

款式變化
Variation

馬龍

花音

製作重點建議

下襬抽褶設計，展現自然寬鬆感。此款式最重要的是打造出柔軟蓬鬆的輪廓。

How to make
製作方法

燈籠造型
連身裙

P90

製作重點建議

胸前採四合釦設計，方便穿脫，避免狗狗穿衣服時的不便和困擾。

夏天可使用亞麻或
棉質布，冬天則搭配溫暖
的羊毛或毛呢布，製作出一
年四季都很百搭的大衣款式。
也可以選擇適合男生的顏色
和圖案，來展現帥氣感。

How to make
製作方法 **雅致大衣** P92

汪！

製作重點建議

下襬點綴上蕾絲的雅致設計，也可以增加時尚氛圍。

今天要去哪裡啊？

洗練的棉質罩衫，素雅的潔白感，更突顯可愛度。可以使用亞麻布、棉質格紋布、青年布或二重紗等來製作。

How to make
製作方法　白色棉質襯衫　P94

Chapter 2　基本知識

用語解說

合印記號	縫合兩片以上布料時，為防止布料滑動，在布料上標註的記號。
前片	穿著衣服時，在肚子的一側。
後片	穿著衣服時，在背部的一側。
回針縫	為防止線端鬆脫，折返車縫2至3針。請按壓回針縫按鈕或把手。
疏縫	為了縫紉時可以正確縫合，預先使用疏縫線以手縫固定。車縫完後再拆掉疏縫線。
黏著襯	可加強布料堅固度，以熨斗熨燙附有黏著劑的布襯，貼在布料背面。

正面相對疊合	兩片布料疊合時，正面與正面重疊。
背面相對	兩片布料疊合時，背面與背面重疊。
四合釦＆暗釦	有分凹凸面的釦子，只需要輕鬆按壓就可釦上。
斜布條	使用斜布紋裁剪，45°稱為正斜布條。可防止布邊綻線。
布紋線	與布邊平行的直布紋。
羅紋布	運動衣或套頭上衣的袖口、下襬等常使用的一種素材。
摺雙	布料摺疊時在對稱處所作的記號。

基礎記號解說

⟷ **布紋線** 與布邊平行的直布紋。	——— **完成線** 實際作品完成的線條。	▬▬▬ **縫份線** 布料裁剪線。	- - - - - **裝飾線** 布表面壓線的部位。

摺雙 布料摺疊時在對稱處所作的記號。	**合印記號** 縫合兩片以上布料時標註的記號。	**褶線** 表示布料摺疊位置的線。	/// **黏著襯線** 需貼黏著襯的位置。

使 用 工 具 〉 在製作愛犬的服飾之前，請準備好製作紙型、裁縫必備的工具和材料。

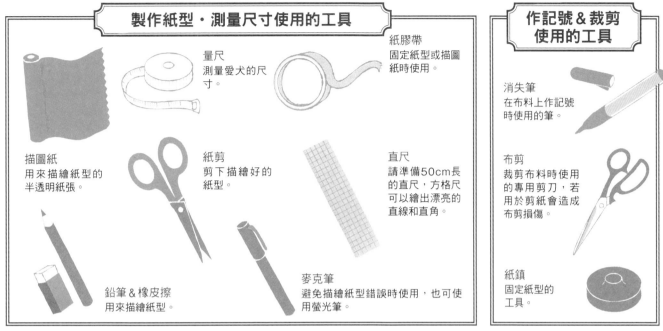

製作紙型・測量尺寸使用的工具

描圖紙
用來描繪紙型的半透明紙張。

量尺
測量愛犬的尺寸。

紙剪
剪下描繪好的紙型。

紙膠帶
固定紙型或描圖紙時使用。

直尺
請準備50cm長的直尺，方格尺可以繪出漂亮的直線和直角。

鉛筆＆橡皮擦
用來描繪紙型。

麥克筆
避免描繪紙型錯誤時使用，也可使用螢光筆。

作記號＆裁剪使用的工具

消失筆
在布料上作記號時使用的筆。

布剪
裁剪布料時使用的專用剪刀，若用於剪紙會造成布剪損傷。

紙鎮
固定紙型的工具。

縫紉必備工具

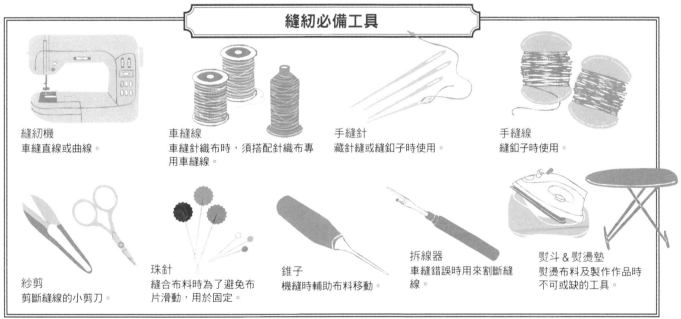

縫紉機
車縫直線或曲線。

車縫線
車縫針織布時，須搭配針織布專用車縫線。

手縫針
藏針縫或縫釦子時使用。

手縫線
縫釦子時使用。

紗剪
剪斷縫線的小剪刀。

珠針
縫合布料時為了避免布片滑動，用於固定。

錐子
機縫時輔助布料移動。

拆線器
車縫錯誤時用來割斷縫線。

熨斗＆熨燙墊
熨燙布料及製作作品時不可或缺的工具。

選擇布料

方便狗狗活動的布料

重視機能性
選擇有伸縮性的針織材質，方便狗狗輕鬆穿脫。另外也要注重活動機能。

依自己的喜好來決定正反面

布料的正反面
依自己喜好來選擇即可。如果無法決定時請依以下三點來判斷是否為正面。圖案較明顯、觸感較光滑、針織編織目明顯的一面。

丈量尺寸 ⟩

和我們穿衣服一樣，測量狗狗服裝的尺寸也非常重要。
衣服要合身並方便活動，請一定要仔細的測量喔！

◎ 測量尺寸

1 ▶ 正確測量尺寸的重點，必須確認以下三個部位。

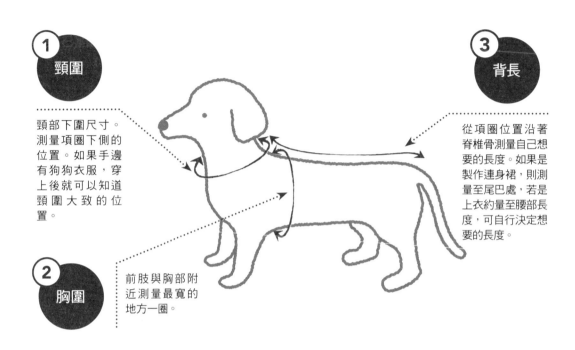

1 頸圍

頸部下圍尺寸。測量項圈下側的位置。如果手邊有狗狗衣服，穿上後就可以知道頸圍大致的位置。

2 胸圍

前肢與胸部附近測量最寬的地方一圈。

3 背長

從項圈位置沿著脊椎骨測量自己想要的長度。如果是製作連身裙，則測量至尾巴處，若是上衣約量至腰部長度，可自行決定想要的長度。

2 ▶ 加入活動的鬆份

準確測量尺寸之後，為舒適且方便活動，必須添加活動分量。

| 針織布的服裝 | 胸圍 +約2至3cm | 頸圍 +約2cm |
| 其他素材的服裝 | 胸圍 +約4至5cm | 頸圍 +約2至3cm |

🐾❗ 因為沒有肩膀，所以頸圍活動分量不需要很多，否則衣服會下垂不合身。

🐾❗ 針織布素材因為有伸縮性，所以比起其他素材需要的寬鬆份較少。

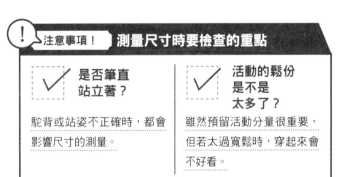

❗注意事項！ 測量尺寸時要檢查的重點

✓ **是否筆直站立著？**

駝背或站姿不正確時，都會影響尺寸的測量。

✓ **活動的鬆份是不是太多了？**

雖然預留活動分量很重要，但若太過寬鬆時，穿起來會不好看。

○ 尺寸測量筆記

① 頸圍	② 胸圍	③ 背長
cm	cm	cm

紙型的使用方法 〉〉

選擇想要製作的服裝，
描繪原寸紙型，製作出紙型。

◎ 描繪紙型

步驟 ①

先確認製作頁面的裁布圖，找到想要製作款式的原寸紙型圖。以麥克筆仔細描繪完成線和縫份線。

步驟 ②

紙型覆蓋上描圖紙，為了避免錯開，請以紙膠帶暫時固定。

步驟 ③

沿著麥克筆輪廓描繪在描圖紙上。布紋線、合印記號、摺疊線記號也不要忘記標上。

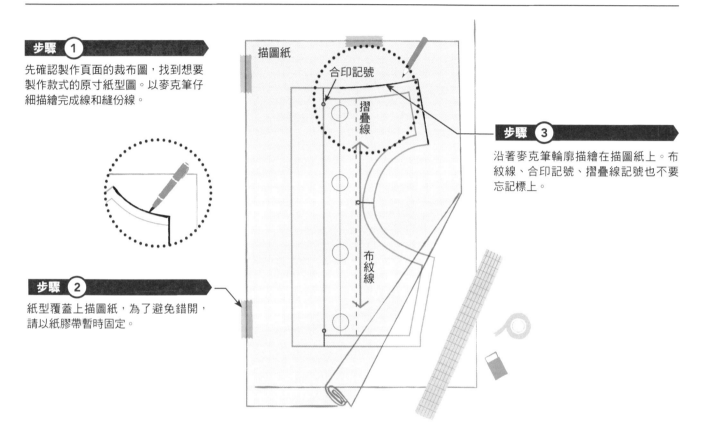

描圖紙
合印記號
摺疊線
布紋線

◎沿著紙型裁剪布料

1 參考製作頁面的裁布圖，依指定對摺布料。

2 紙型平行布紋線，摺雙記號對齊布料摺疊線。

3 以紙鎮固定紙型避免移位，以消失筆描繪紙型和記號。

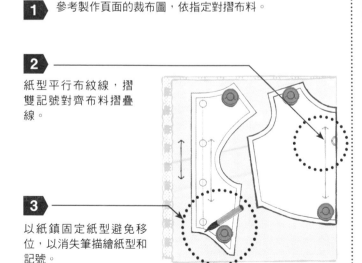

4 拿開紙型，沿著縫份裁剪布料。兩片以上布料請先以珠針固定再小心裁剪。裁剪時請勿移動布料，可改變自身位置尋找方便裁剪的位置。

5 布料畫上完成線。

6 所有合印記號處剪牙口。

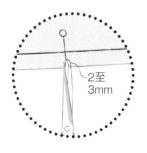

2至
3mm

紙型的調整 當P.1的尺寸表和狗狗的尺寸對不起來時，請調整紙型尺寸。「頸圍」・「胸圍」・「背長」可各自調整需要的尺寸。

調節背長

◎增加長度時

| 範例 | 增長5cm |

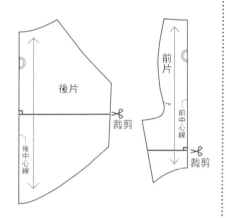

1 從脇線至前／後中心線描繪直線，裁剪分開上下部分。

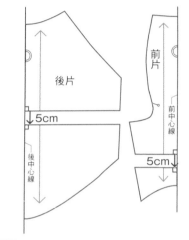

2 增加5cm，紙型下半部往下5cm。

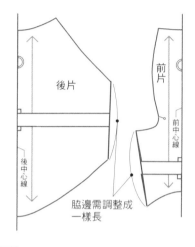

脇邊需調整成一樣長

3 描繪新的脇邊線。

◎縮減長度時

| 範例 | 縮減3cm |

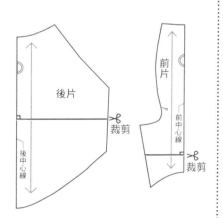

1 從脇線中心至前／後中心線直角描繪直線，裁剪分開上下部分。

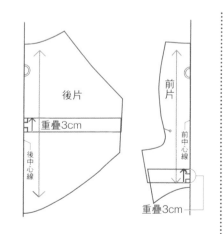

2 縮減3cm，紙型下半部往上3cm。

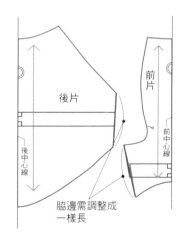

脇邊需調整成一樣長

3 描繪新的脇邊線。

調節領圍尺寸

◎增加領圍尺寸時

範例 ▷ 增加2cm

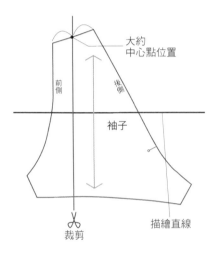

大約
中心點位置

前側　後側

袖子

描繪直線

✂
裁剪

1 在袖子紙型上畫上平行布紋的直線，裁剪分開紙型。

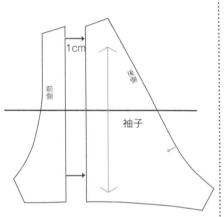

1cm

前側　後側

袖子

2 整體加寬2cm，單邊加長1cm。紙型上畫上一條橫線，放上裁剪的紙型。

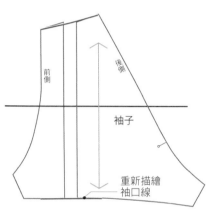

前側　後側

袖子

重新描繪
袖口線

3 紙型分開1cm，重新描繪頸圍線。測量重新繪製的線，將紙型錯開約1cm。

反摺線

羅紋袖口布

4 袖口長度改變了，羅紋袖口布也需變更長度。袖口長度×0.8cm為羅紋袖口布的長度。

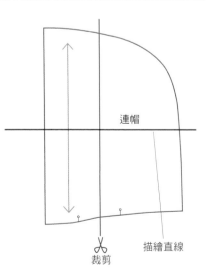

連帽

描繪直線

✂
裁剪

5 在連帽紙型上畫上平行布紋線的直線，裁剪分開紙型。

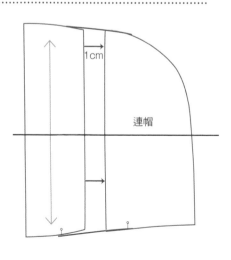

1cm

連帽

6 分開1cm，重新描繪直線。

調節領圍尺寸

◎縮減領圍尺寸時

範例 縮減3.5cm

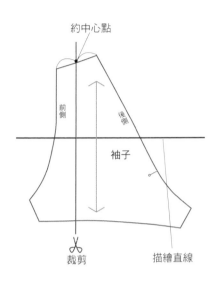

約中心點

前側　後側

袖子

裁剪　描繪直線

1 在袖子紙型上畫上平行布紋的直線，裁剪分開紙型。

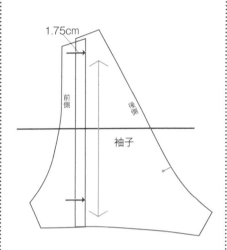

1.75cm

前側　後側

袖子

2 整體縮減3.5cm。單邊縮減1.75cm。紙型上畫上一條橫線，放上裁剪的紙型。

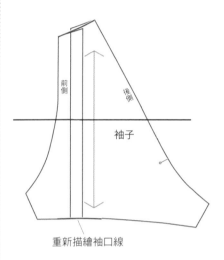

前側　後側

袖子

重新描繪袖口線

3 紙型重疊1.75cm，重新描繪頸圍線。測量重新繪製的線，約1.75cm將紙型錯開。

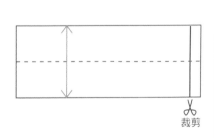

裁剪

4 袖口長度改變了，羅紋袖口布也需要變更長度。袖口長度×0.8為羅紋袖口布長度。

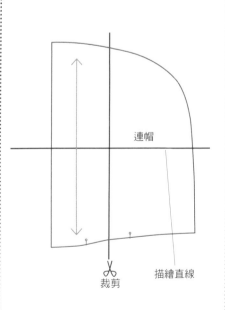

連帽

裁剪　描繪直線

5 在連帽紙型上畫上平行布紋的直線，裁剪分開紙型。

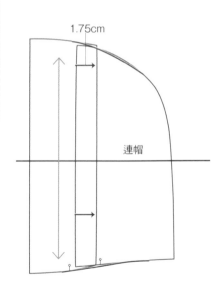

1.75cm

連帽

6 重疊1.75cm，重新描繪直線。

調節胸圍尺寸

◎增加胸圍尺寸時

範例 ▷ 增加2cm

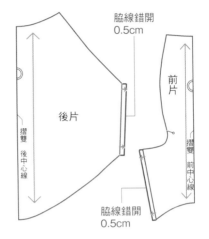

脇線錯開
0.5cm

後片

前片

摺雙 後中心線

摺雙 前中心線

脇線錯開
0.5cm

1 整體加寬2cm。1/4的前後片各增添0.5cm。

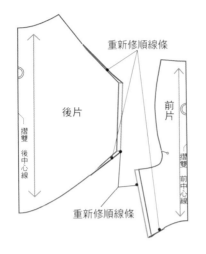

重新修順線條

後片

前片

摺雙 後中心線

摺雙 前中心線

重新修順線條

2 因為重新描繪脇線,所以沿著袖襱線至下襬線均需重新修順。

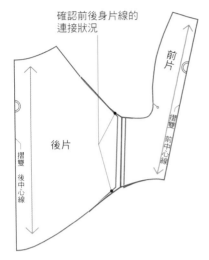

確認前後身片線的
連接狀況

後片

前片

摺雙 後中心線

摺雙 前中心線

3 對齊前後片新的脇邊線,修順下襬至袖襱線。

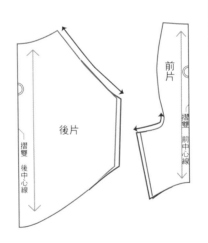

後片

前片

摺雙 後中心線

摺雙 前中心線

4 測量前後片袖襱線。

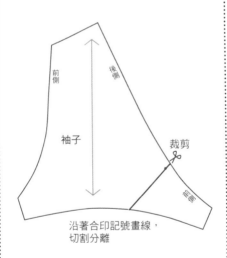

前側

後側

袖子

裁剪

袖襱

沿著合印記號畫線,
切割分離

5 依據**4**的長度,修正袖子。依袖子合印記號切割分離紙型。

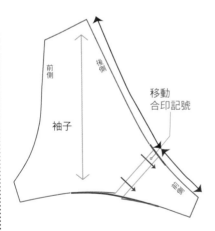

前側

後側

袖子

移動
合印記號

袖襱

6 稍稍錯開分離切割的紙型,兩邊修順成一樣的長度。

7 改變下襬羅紋布長度。測量前後片下襬長度後×0.8。

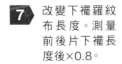

反摺線

下襬羅紋布

調節胸圍尺寸

◎縮減胸圍尺寸時

範例 〉縮減3cm

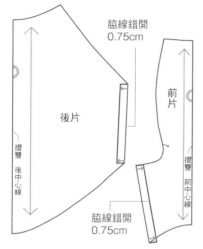

脇線錯開
0.75cm

後片

摺雙
後中心線

前片

摺雙
前中心線

脇線錯開
0.75cm

1 縮減3cm。1/4的脇線各錯開0.75cm。

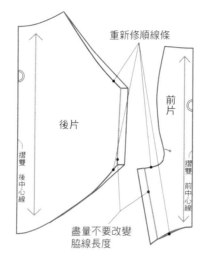

重新修順線條

後片

前片

摺雙
後中心線

摺雙
前中心線

盡量不要改變脇線長度

2 因為重新描繪脇線,所以沿著袖襱線至下襬線均需重新修順。

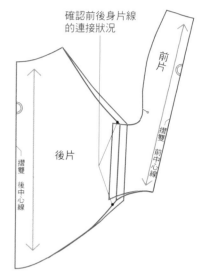

確認前後身片線的連接狀況

前片

後片

摺雙
後中心線

摺雙
前中心線

3 對齊前後片新的脇邊線,修順下襬至袖襱線。

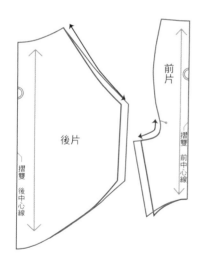

後片

前片

摺雙
後中心線

摺雙
前中心線

4 測量前後片袖襱線。

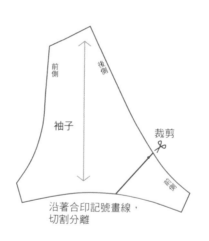

前側

後側

袖子

裁剪

前襬

沿著合印記號畫線,切割分離

5 依據 **4** 的長度,修正袖子。依袖子合印記號切割分離紙型。

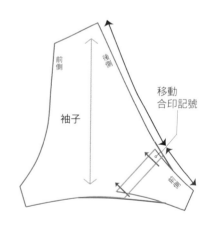

前側

後側

袖子

移動合印記號

前襬

6 稍稍錯開分離切割的紙型,修順兩邊讓長度一致。

7 改變下襬羅紋布長度。測量前後片下襬長度後×0.8。

反摺線

下襬羅紋布

裁剪

Chapter 3

製作方法

參考基本的縫製方法，開始製作服裝吧！決定

想製作的品種種類和尺寸，依據款式的縫製說

明開始作衣服。一起為可愛的毛小孩努力吧！

高領 T 恤

材料

- ●110×寬35cm 提花針織布（前片・後片・頸圍布）
- ●110×寬25cm 素色針織布（袖口・袖口布・下襬布）
- ●標籤（縫製完成後車縫）

完成的樣子

裁布圖

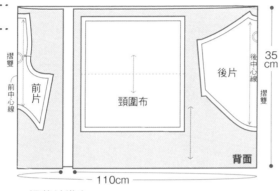

▲ 提花針織布

▲ 素色針織布

製作順序

1 製作袖子

1

袖口布正面相對摺疊。以珠針固定袖口。（袖口布較短，請一邊拉伸以珠針固定，一邊均等縫製。）

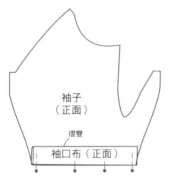

2

從縫份邊端1cm開始車縫，布邊進行Z字形車縫。裁剪多餘縫份。

3

袖口對摺後，車縫袖下1cm縫份處，布邊進行Z字形車縫。裁剪多餘縫份。

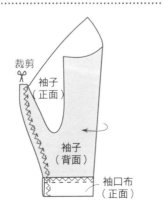

4

袖子翻至正面。依相同作法縫製另一側。

② 接縫脇邊

1 前後片脇邊正面相對疊合，車縫縫份1cm處。

2 縫份進行Z字形車縫（步驟 **1** 車縫的邊端）。
裁剪多餘縫份。

3 依相同作法縫製另一側脇邊。

4 縫份倒向前側。

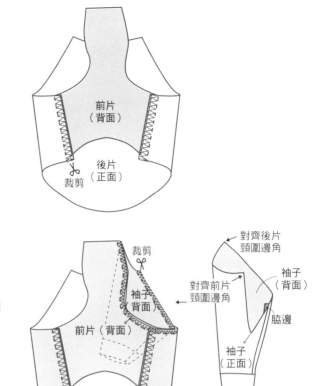

③ 接縫袖子

1 車縫時注意左右袖子位置，袖子和身片正面相對疊合，車縫
袖襱縫份1cm處。布邊進行Z字形車縫。裁剪多餘縫份。

2 依相同作法縫製另一側袖子。

④ 接縫頸圍‧下襬布

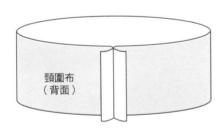

1 頸圍布正面相對疊合，車縫縫份1cm，
燙開縫份。

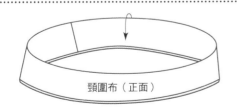

2 頸圍布正面對摺。

3 下襬布依相同作法縫製。

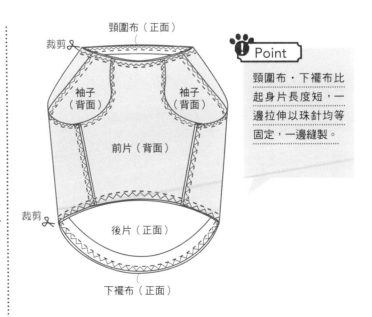

> **Point**
>
> 頸圍布‧下襬布比
> 起身片長度短，一
> 邊拉伸以珠針均等
> 固定，一邊縫製。

4 頸圍布和身片頸圍正面相對疊合，對齊邊端以珠針固定。車縫
縫份1cm，布邊進行Z字形車縫。裁剪多餘縫份。

5 依相同作法縫製下襬布接縫下襬。

 T恤

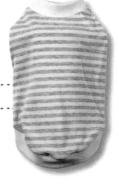

材料

- 80×寬35cm 條紋針織布（後片・袖子用）
- 80×寬35cm 素色針織布
  （前片・頸圍布・下襬布用）

完成的樣子

裁布圖

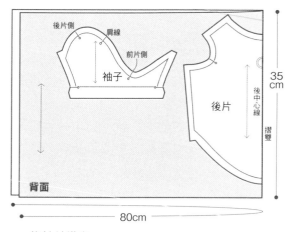

▲ 條紋針織布

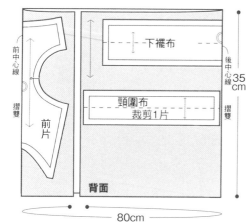

▲ 素色針織布

製作順序

1 車縫肩線和脇線

1 前後片脇邊正面相對疊合，車縫縫份1cm處。

2 縫份進行Z字形車縫（步驟 1 車縫後邊端處）。裁剪多餘部分。

3 依相同作法縫製另一側脇邊。

4 依相同作法縫製肩線。

5 縫份倒向前側。

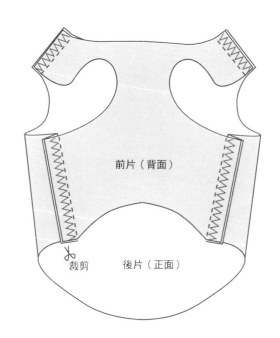

2 車縫袖子

1

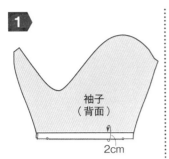

袖口縫份以2cm寬度三摺邊。
以珠針固定。

2cm

2

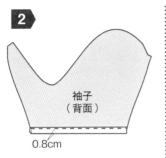

袖口邊端0.8cm處車縫。

0.8cm

3

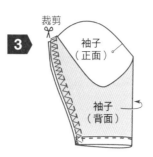

裁剪

袖子（正面）

袖子（背面）

袖口對摺，車縫袖下縫份
1cm處。布邊進行Z字形車
縫。裁剪多餘縫份。

4

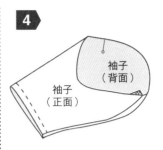

袖子（背面）

袖子（正面）

袖子翻至正面。

5 車縫時注意左右袖子位置不要搞錯。袖子和身片
正面相對疊合，車縫袖襱縫份1cm處。布邊進行Z
字形車縫。裁剪多餘部分。

6 依相同作法縫製另一側袖子。

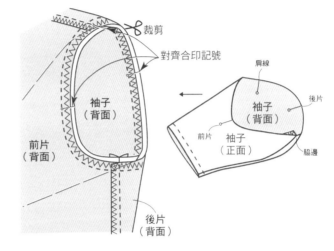

裁剪
對齊合印記號
袖子（背面）
前片（背面）
後片（背面）
肩線
後片
前片
袖子（正面）
脇邊
袖子（背面）

3 製作頸圍布・接縫下襬布

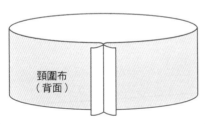

頸圍布（背面）

1 頸圍布正面相對疊合，車縫縫份1cm處，
燙開縫份。

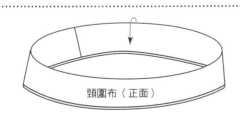

頸圍布（正面）

2 頸圍布正面對摺。

3 下襬布依相同作法縫製。

Point

頸圍布・下襬布長
度皆短於身片，一
邊拉伸以珠針均等
固定，一邊縫製。

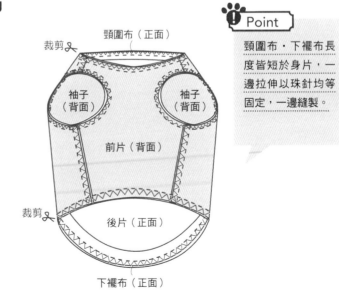

裁剪
頸圍布（正面）
袖子（背面）
袖子（背面）
前片（背面）
裁剪
後片（正面）
下襬布（正面）

4 頸圍布縫線對齊身片一邊肩線，以珠針均等固定頸圍。車縫縫份1cm
處，布邊進行Z字形車縫。裁剪多餘縫份。

5 依相同作法縫製下襬布。

連身裙

材料

- 110×寬45cm 棉質花紋布（前片・後片）
- 0.5cm寬鬆緊帶約35cm
  （依愛犬的頸圍尺寸調節大小）
- 彈性線

完成的樣子

裁布圖

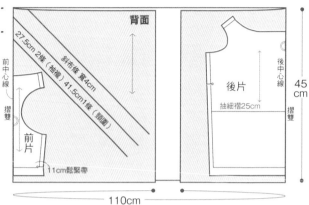

背面

前中心線
摺雙

27.5cm 2條（斜布條 寬4cm（袖襬）41.5cm1條（頸圍）

前片

11cm鬆緊帶

後片
抽細褶25cm

後中心線
摺雙

45 cm

110cm

▲ 棉質布料

製作順序

1 腰部抽拉細褶

1 身片正面，以消失筆在抽細褶處（參考紙型）作上合印記號。（紅線）

2 將彈性線捲繞在梭子上，裝在縫紉機內。縫目寬度調節大一點，下線張力調節鬆一點。

※放置好的梭子不需通過縫紉機的溝槽，直接拉出下線即可。
※先試縫看看。製作均勻平緩的細褶，如果不行請將上線張力調鬆試試看。

後片
（正面）

3 沿著合印記號從正面車縫直線。始縫和止縫處無需回針縫，兩端預留長一點的縫線。依規定長度（參考紙型）拉縮彈性線後，將上線拉進背面，和下線打結，細褶才不會鬆掉。

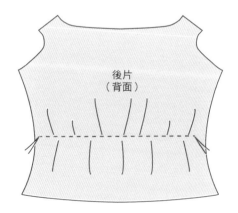

後片
（背面）

2 前片下襬穿過鬆緊帶

1
前片下襬進行Z字形車縫。

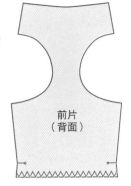

前片
（背面）

2
依合印記號下襬摺疊至內側，距邊端1.8cm車縫。

前片
（背面）

3
裁剪11cm長的鬆緊帶，穿過下襬。注意兩端要車縫固定避免脫落。

前片
（背面）

3 車縫肩線，並將袖襱和頸圍以斜布條滾邊

1
前後片單邊肩線正面相對疊合，車縫縫份1cm處，布邊進行Z字形車縫。

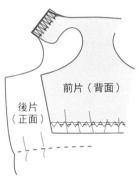

前片（背面）

後片
（正面）

3
頸圍、袖襱和斜布條正面相對疊合，以珠針固定，車縫1cm縫份。

4
以熨斗熨燙斜布條四摺邊後，包夾覆蓋內側的縫線。從正面車縫邊端。

5
頸圍斜布條穿過24cm長的鬆緊帶，兩端要車縫固定以避免脫落。

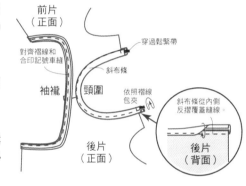

前片
（正面）

穿過鬆緊帶

對齊褶線和合印記號車縫

斜布條

袖襱

頸圍

依照褶線包夾

後片
（正面）

斜布條從內側反摺覆蓋縫線。

後片
（背面）

2
頸圍、袖襱斜布條四摺邊熨燙整理成寬1cm後，攤開斜布條。

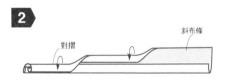

對摺

斜布條

6
另一側肩線車縫。袖襱也使用斜布條包邊處理。

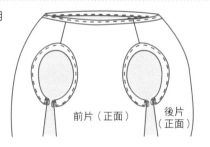

前片（正面）

後片
（正面）

4 接縫脇邊

1
前後片脇邊正面相對疊合，車縫1cm縫份。布邊進行Z字形車縫。

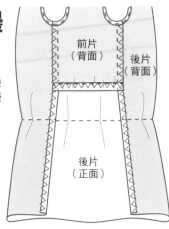

前片
（背面）

後片
（背面）

後片
（正面）

5 車縫下襬

1
衣服翻至正面，裙片下襬依2cm寬度三摺邊，邊端車縫0.8cm。

2
裙片兩端往內摺疊1cm，車縫距邊端0.8cm處。

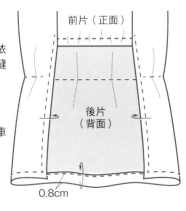

前片（正面）

後片
（背面）

0.8cm

大衣

材料

- 110×寬40cm 提花針織布（前片・後片・袖子・連帽表布用）
- 70×寬20cm 短毛針織布（袖口毛皮・連帽裡布用）
- 3×寬23.5cm 黏著襯（前片釦子縫製位置使用）2片
- 直徑1.5cm 釦子4個
- 標籤（車縫至自己喜歡的部位）

完成的樣子

裁布圖

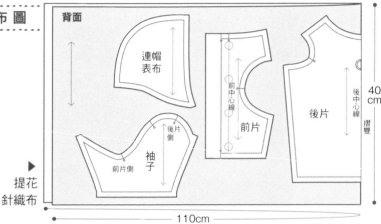

背面

連帽表布

後片側

前中心線

前片

後中心線

後片

前片側

袖子

▶ 提花針織布

110cm

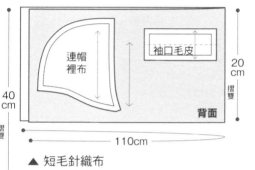

連帽裡布

袖口毛皮

背面

40cm

摺雙

20cm

摺雙

110cm

▲ 短毛針織布

製作順序

1 製作連帽

1

連帽裡布（正面）

連帽表布（背面）

連帽表裡布各自正面相對疊合，車縫縫份1cm。

2

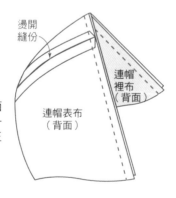

燙開縫份

連帽裡布（背面）

連帽表布（背面）

攤開連帽表裡布，正面相對疊合。兩片縫份一起車縫1cm處，翻至正面。

2 製作袖子

1

袖子（正面）

袖口毛皮（正面）

袖口毛皮背面相對疊合，重疊袖口正面，車縫縫份1cm處。毛皮長度較短請均等拉伸車縫。

2

裁剪

袖子（正面）

袖子（背面）

袖口對摺，車縫袖下縫份1cm處。布邊進行Z字形車縫。裁剪多餘縫份。

3

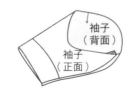

袖子（背面）

袖子（正面）

袖子翻至正面。

③ 車縫前片邊端

1 身片邊端貼上3×23.5cm的黏著襯。前片邊端和下襬進行Z字形車縫。

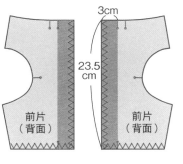

3cm
23.5cm

前片（背面）
前片（背面）

2 前片邊端依合印記號反摺至正面，車縫下襬1cm處。

前片（正面）
1cm

3 將邊角翻至正面，下襬往內摺疊1cm。再車縫距邊端0.8cm。

前片（背面）

④ 車縫肩線・脇線

1 前後片的肩線和脇線正面相對疊合，車縫縫份1cm處。布邊進行Z字形車縫。

2 依相同作法縫製另一側。

3 下襬進行Z字形車縫。

前片（背面）
後片（正面）

⑤ 接縫袖子

1 車縫時注意左右袖子位置不要搞錯。袖子和身片正面相對疊合，車縫袖襱縫份1cm處。布邊進行Z字形車縫。裁剪多餘部分。

2 依相同作法縫製另一側袖子。

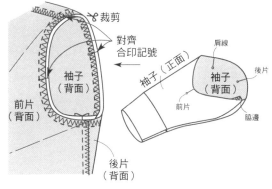

裁剪
對齊合印記號
肩線
後片（正面）
袖子（背面）
袖子（背面）
前片（背面）
前片
脇邊
後片（背面）

⑥ 接縫連帽・處理前片邊端

1

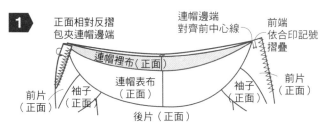

正面相對反摺包夾連帽邊端
連帽邊端對齊前中心線
前端依合印記號摺疊
連帽裡布（正面）
前片（正面）
袖子（正面）
連帽表布（正面）
袖子正面
前片（正面）
後片（正面）

前片前中心線對齊連帽兩端，連帽和頸圍以珠針固定。依前片摺疊線合印記號，包夾連帽邊端般反摺。

2

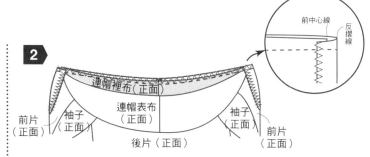

前中心線
反摺線
連帽裡布（正面）
前片（正面）
袖子（正面）
連帽表布（正面）
袖子正面
前片（正面）
後片（正面）

車縫頸圍縫份1cm處。布邊進行Z字形車縫，前片邊端翻至正面，熨燙整理。

3 後片脇邊往內摺疊1cm，車縫距邊端0.8cm處。依相同作法縫製另一側。

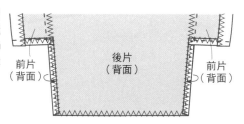

前片（背面）
後片（背面）
前片（背面）

4 將下襬往內摺疊1cm，車縫距邊端0.8cm處。前片上下端距離1.5cm處各開釦眼後，其中間在均等間隔製作釦眼。另一側前片邊端手縫釦子。

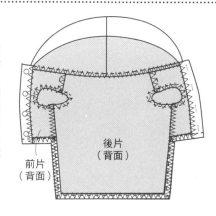

後片（背面）
前片（背面）

脖圍

⊞ 材料

- 23×寬10cm 提花針織布（表布用）
- 11×寬10cm 天竺針織布（剪接用）
- 32×寬10cm 短毛針織布（裡布用）
- 標籤（車縫至自己喜歡的部位）

❤ 完成的樣子

✂ 裁布圖

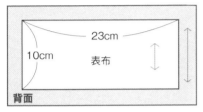

▲ 提花針織布

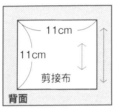

▲ 天竺針織布

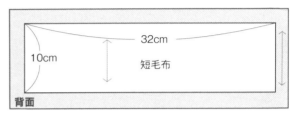

▲ 短毛針織布

▶ 製作順序

1 接縫表布

1 表布和剪接布正面相對疊合，車縫縫份1cm，燙開縫份。

2 接縫表布和裡布

1 表布和裡布正面相對疊合，車縫兩端內側1cm。另外上側兩邊端各空出5cm。

2 翻至正面。

3 車縫兩端

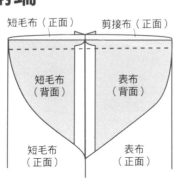

1 脖圍兩端正面相對疊合，車縫縫份1cm。

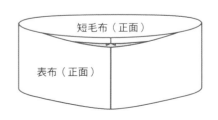

2 手縫開口處。

坦克背心

材料

- 60×寬30cm 條紋針織布（前片・後片使用）
- 70×寬15cm 素色針織布（頸圍布・袖襱布 ・下襱布）

完成的樣子

裁布圖

▶ 條紋針織布

60cm

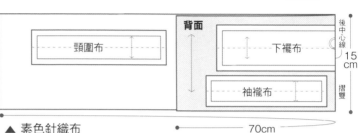

▲ 素色針織布

70cm

製作順序

1 車縫肩線和脇線

1 前後片脇邊正面相對疊合，車縫縫份1cm處。

2 縫份進行Z字形車縫（步驟1車縫後邊端處）。裁剪多餘部分。

3 依相同作法縫製另一側脇邊。

4 依相同作法縫製肩線。

5 縫份倒向前側。

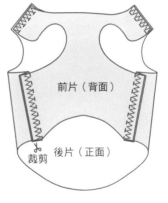

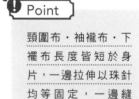

Point

頸圍布・袖襱布・下襱布長度皆短於身片，一邊拉伸以珠針均等固定，一邊縫製。

2 製作頸圍布・接縫

1 頸圍布正面相對疊合，車縫縫份1cm處，燙開縫份。

2 頸圍布正面對摺。

3 袖襱布・下襱布依相同作法縫製。

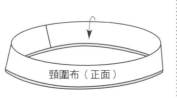

4 頸圍布縫線對齊身片一邊肩線，以珠針均等固定頸圍。車縫縫份1cm，布邊進行Z字形車縫。裁剪多餘縫份。

5 袖襱布・下襱布依相同作法縫製。

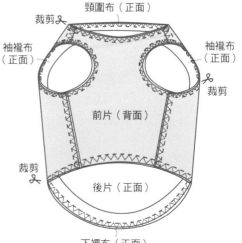

59

船形領 T 恤

材料

● 110×寬30cm 天竺針織布

完成的樣子

裁布圖

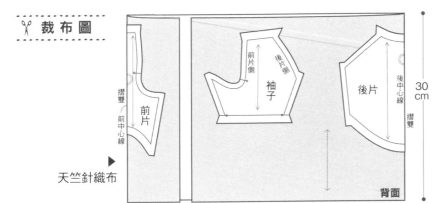

前片・前中心線・摺雙

天竺針織布 ▶

前片側・前正面・後正面・後片側

袖子

後片・後中心線・摺雙

背面

30 cm

110cm

製作順序

1 車縫頸圍

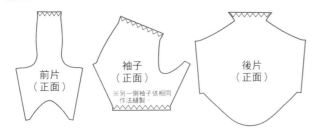

前片（正面）　袖子（正面）※另一側袖子依相同作法縫製。　後片（正面）

1 前片・袖子・後片頸圍・袖口進行Z字形車縫。

1.2cm

前片（背面）　袖子（背面）　後片（背面）

2 頸圍摺疊至內側1.5cm，車縫距邊端1.2cm處。

2 製作袖子

1 袖口往內側摺疊1.5cm，車縫距邊端1.2cm處。

袖子（背面）

2 袖口對摺，車縫袖下縫份1cm處。布邊進行Z字形車縫。裁剪多餘縫份。

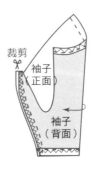

裁剪

袖子正面

袖子（背面）

3 袖子翻至正面。

袖子背面

袖子（正面）

3 | 車縫脇邊

1 前後片脇邊正面相對疊合，車縫縫份1cm處。

2 縫份進行Z字形車縫（步驟**1**車縫後邊端處），裁剪多餘部分。

3 依相同作法縫製另一側脇邊。

4 縫份倒向前側。

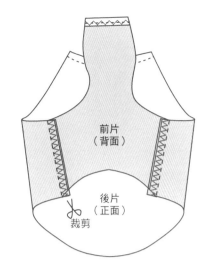

4 | 接縫袖子

1 車縫時注意左右袖子位置不要搞錯。袖子和身片正面相對疊合，車縫袖襱縫份1cm處。布邊進行Z字形車縫。裁剪多餘部分。

2 依相同作法縫製另一側袖子。

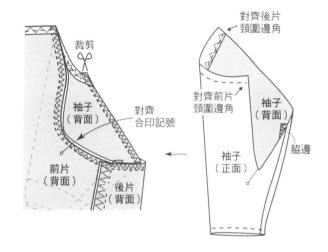

5 | 車縫下襬

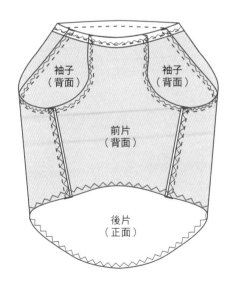

1 下襬進行Z字形車縫。

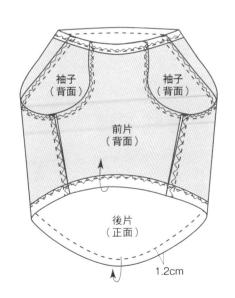

2 下襬往內側摺疊1.5cm，車縫距邊端1.2cm處。

襯衫式連身裙

:::: 材 料

- 110×寬35cm 棉質格紋布（前片・後片・袖子・領子・領台用）
- 30×寬15cm 卡其布（裙片用）
- 2.5×寬20.5cm 黏著襯（前片四合釦縫製位置）
- 直徑1.1cm 四合釦4組
- 胸章布貼（以熨斗黏貼至自己喜歡的部位）

:paw: 完成的樣子

✂ 裁布圖

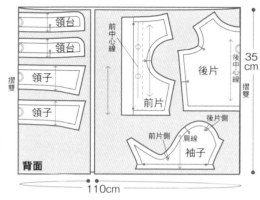

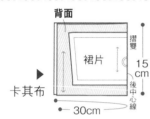

製作順序

1 前片貼黏著襯，縫份進行Z字形車縫

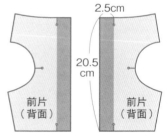

1 裁剪2片2.5×寬20.5cm黏著襯，以熨斗熨貼於前片邊端。

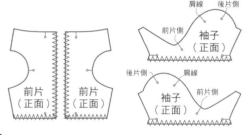

2 前片・袖子・後片・裙片縫份進行Z字形車縫。

2 前片車縫下襬

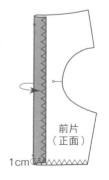

1 前片邊端依合印記號翻至正面，車縫下襬縫份1cm處。

2 邊角翻至正面，下襬內摺1cm。車縫距邊端0.8cm處。

3 前片邊端依合印記號反摺，車縫距邊端2cm處。

4 依相同作法縫製另一前片。

3 車縫肩線和脇線

1 前後片的肩線和脇線正面相對疊合車縫，車縫縫份1cm處。布邊進行Z字形車縫。

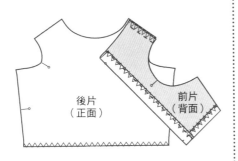

後片（正面）

前片（背面）

2 前後片車縫脇邊縫份1cm。從脇邊到下襬進行Z字形車縫。

後片（正面）

前片（背面）

3 依相同作法縫製另一側的前片。

4 製作袖子

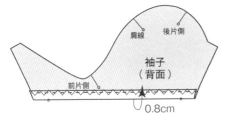

肩線　後片側

袖子（背面）

前片側

0.8cm

1 依袖口合印記號往內摺疊1cm，車縫距邊端0.8cm處。

袖子（正面）

袖子（背面）

2 袖子對摺，車縫縫份1cm處。布邊進行Z字形車縫。

袖子（背面）

袖子（正面）

3 袖子翻至正面。

5 接縫袖子

1 車縫時注意左右袖子位置不要搞錯。袖子和身片正面相對疊合，車縫袖襱縫份1cm處。布邊進行Z字形車縫。

2 依相同作法縫製另一側袖子。

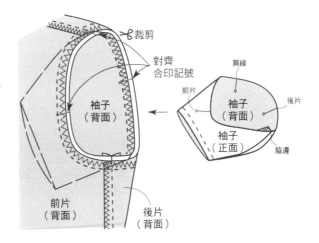

裁剪

對齊合印記號

肩線

前片

袖子（背面）

後片

袖子（正面）

脇邊

袖子（背面）

前片（背面）

後片（背面）

6 製作領子

裁剪　　　　　　　　　裁剪

領子（背面）

1 兩片領子正面相對疊合，車縫縫份1cm處。

2 裁剪邊角時注意不要切到縫線，翻至正面，以熨斗熨燙整理。

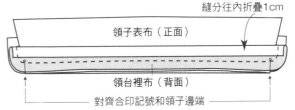

領台裡布縫分往內折疊1cm

領子表布（正面）

領台裡布（背面）

對齊合印記號和領子邊端

3 領台如圖所示正面相對疊合包夾領子，車縫領台縫份1cm處。

4 領台翻至正面，以熨斗熨燙整理。

7 車縫領子

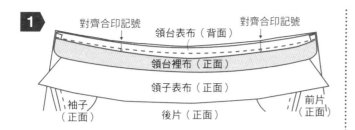

1 如上圖，領台和身片頸圍正面相對疊合，車縫頸圍邊端縫分1cm處。

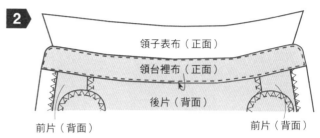

2 領台往內摺疊1cm，重疊覆蓋步驟**1**的縫線，以珠針固定，領台從正面車縫。

8 車縫邊端

1 後片兩端往內摺1cm，車縫距邊端0.8cm處。

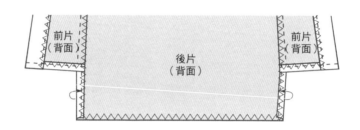

9 車縫裙子・裝上四合釦

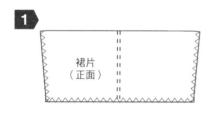

1 裙片包夾後中心線，從正面壓裝飾線。

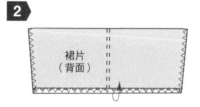

2 裙片下襬往內摺1cm，車縫距邊端0.8cm處。

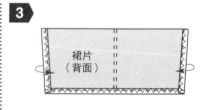

3 裙片兩端往內摺1cm，車縫距邊端0.8cm處。

4 後片下襬和裙片正面相對疊合，車縫縫份1cm處。布邊進行Z字形車縫。

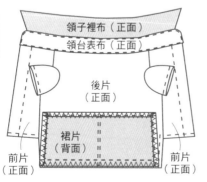

5 步驟**4**的縫分倒向身片，車縫距邊端0.8cm處。

6 裝上四組四合釦。（黏貼位置參考紙型）

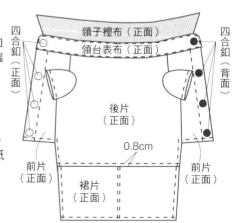

灰色連帽衣

✚ 材料

- 110×寬30cm 裡毛針織布（前片・後片・袖子・連帽表布）
- 65×寬10cm 針織布（袖口羅紋布・下襬羅紋布用）
- 30×寬20cm 素色針織布（連帽裡布）
- 綁繩（約30cm）

✿ 完成的樣子

✂ 裁布圖

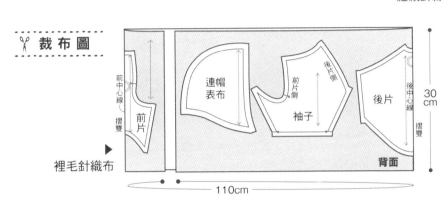

裡毛針織布

110cm

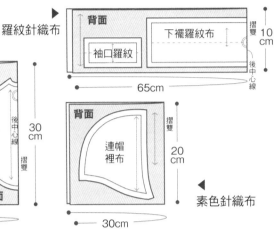

羅紋針織布

背面
下襬羅紋布
袖口羅紋
摺雙 10cm
後中心線
65cm

背面
連帽裡布
摺雙 20cm
素色針織布
30cm

製作順序

1 製作袖子

1

袖子（正面）
摺雙
袖口羅紋布（正面）

袖口羅紋布背面相對對摺。袖口重疊袖口羅紋布以珠針固定。（袖口羅紋布較短，請均等拉伸車縫）

2

袖子（正面）
摺雙
袖口羅紋布（正面）
裁剪

車縫縫份1cm處，布邊進行Z字形車縫。裁剪多餘部分。

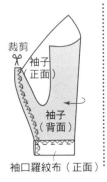

3

裁剪
袖子正面
袖子（背面）
袖口羅紋布（正面）

袖口對摺，車縫縫份1cm處。布邊進行Z字形車縫。裁剪多餘縫份。

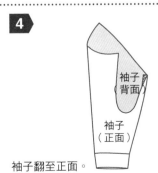

4

袖子背面
袖子（正面）

袖子翻至正面。

2 車縫脇邊

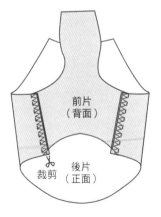

前片（背面）
後片（正面）
裁剪

1 前後片脇線正面相對疊合車縫，車縫縫份1cm處。

2 縫份Z字形車縫（步驟**1**的邊端），裁剪多餘縫份。

3 依相同作法縫製另一側脇邊。

4 縫份倒向前側。

③ 接縫袖子

1 車縫時注意左右袖子位置不要搞錯。袖子和身片正面相對疊合，車縫袖襱縫份1cm處。布邊進行Z字形車縫。裁剪多餘部分。

2 依相同作法縫製另一側袖子。

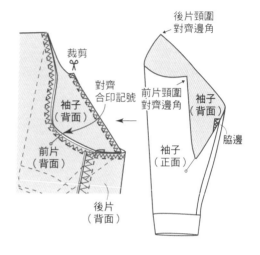

裁剪✂

對齊合印記號

後片頸圍對齊邊角

袖子（背面）

前片頸圍對齊邊角

袖子（背面）

脇邊

前片（背面）

袖子（正面）

後片（背面）

④ 製作連帽

1 連帽表布、裡布各自正面相對疊合，車縫縫份1cm處。

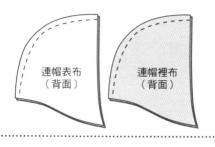

連帽表布（背面）

連帽裡布（背面）

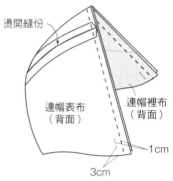

燙開縫份

連帽表布（背面）

連帽裡布（背面）

1cm

3cm

2 攤開連帽表裡布，正面相對疊合，兩片連帽一起車縫縫份1cm處。

3 從帽口1cm・頸圍3cm處表布開繩洞。

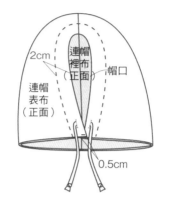

2cm

連帽裡布（正面）

帽口

連帽表布（正面）

0.5cm

4 車縫帽口2cm處，綁繩穿過洞口，綁繩邊端打結固定。

5 頸圍兩端重疊0.5cm，車縫固定。

⑤ 製作下襬羅紋布

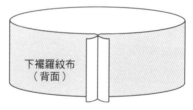

下襬羅紋布（背面）

1 如圖所示下襬羅紋布對摺正面相對疊合，車縫縫份1cm處，燙開縫份。

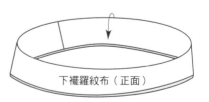

下襬羅紋布（正面）

2 下襬羅紋布正面相對對摺。

⑥ 車縫連帽・下襬

1 連帽口對齊前中心連帽和身片頸圍，正面相對疊合，以珠針固定。車縫縫份1cm處，布邊進行Z字形車縫。裁剪多餘縫份。

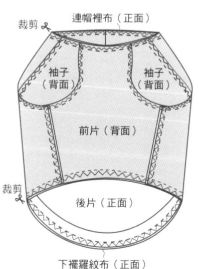

裁剪✂

連帽裡布（正面）

袖子（背面）

袖子（背面）

前片（背面）

裁剪✂

後片（正面）

下襬羅紋布（正面）

2 下襬羅紋布縫份1cm對齊身片下襬車縫，布邊進行Z字形車縫。裁剪多餘縫份。

Point

下襬羅紋布長度短於身片，一邊拉伸以珠針均等固定，一邊縫製。

剪接上衣

🔳 材料

- 30×寬30cm 條紋針織布（後片）
- 20×寬25cm 黃色針織布（前片）
- 110×寬25cm 白色針織布（脇片・袖子・袖口布・
  頸圍布・下襬布）

🐾 完成的樣子

✂ 裁布圖

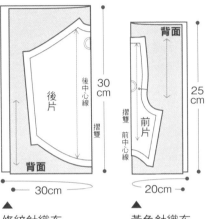

條紋針織布　　黃色針織布

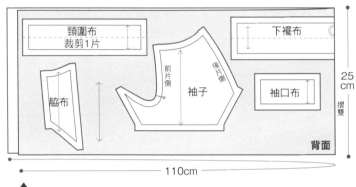

白色針織布

製作順序

1 製作袖子

1

袖口布背面相對疊
合對摺。以珠針固
定袖口和袖口布
（袖口布長度較
短，一邊拉伸一邊
均等縫製）。

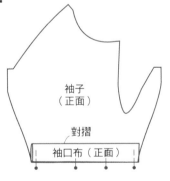

2

邊端開始車縫縫份
1cm處，布邊進行
Z字形車縫。裁剪多
餘縫份。

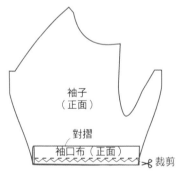

3

袖口對摺，背面相
對疊合，車縫袖下
縫份1cm處，布邊
進行Z字形車縫。裁
剪多餘縫份。

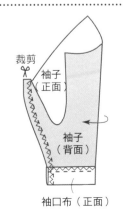

4

袖子翻至正面。

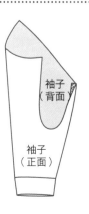

2 接縫脇布

1
後片和脇布正面相對
疊合，車縫縫份1cm
處，布邊進行Z字形車
縫。裁剪多餘縫份。

2
另一片依相同作法接縫
至後片。

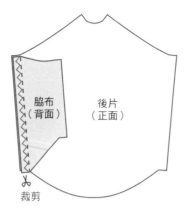

脇布
（背面）

後片
（正面）

裁剪

3
脇布和前片脇邊正面相
對疊合，車縫縫份1cm
處，布邊進行Z字形車
縫。裁剪多餘縫份。

4
依相同作法縫製另一側
脇邊。

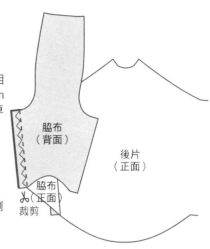

脇布
（背面）

後片
（正面）

脇布
（正面）

裁剪

3 接縫袖子

1
車縫時注意左右袖子位置不要搞錯。袖子和身片正面
相對疊合，車縫袖襱縫份1cm處。布邊進行Z字形車
縫。

2
依相同作法縫製另一側袖子。

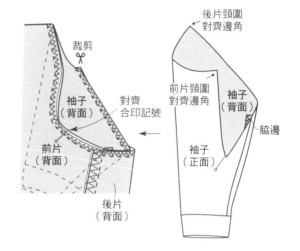

裁剪

後片頸圍
對齊邊角

袖子
（背面）

對齊
合印記號

前片
（背面）

前片頸圍
對齊邊角

袖子
（背面）

袖子
（正面）

脇邊

後片
（背面）

4 接縫頸圍布・下襬布

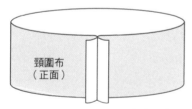

頸圍布
（正面）

1 如圖所示頸圍布正面相對對摺，車
縫縫份1cm處，燙開縫份。

頸圍布（正面）

2 頸圍布正面對摺。

3 依相同作法縫製下襬布。

4
頸圍布縫線對齊身
片一邊肩線，以珠
針均等固定頸圍。
車 縫 縫 份 1cm，
布邊進行Z字形車
縫。裁剪多餘縫
份。

5
下襬布也以相同方
式車縫至下襬。

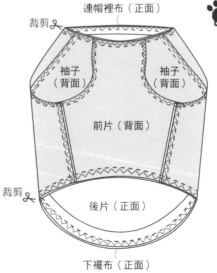

裁剪

連帽裡布（正面）

袖子
（背面）

袖子
（背面）

前片（背面）

裁剪

後片（正面）

下襬布（正面）

Point

頸圍布・下襬布長
度皆短於身片，一
邊拉伸以珠針均等
固定，一邊縫製。

68

多層次風連帽衣

材料

- 110×寬55cm 裡毛針織布（前片・後片・連帽表布・袖口布・下襬布）
- 30×寬15cm 格紋布（下襬別布）
- 40×寬30cm 針織布（連帽裡布）

完成的樣子

裁布圖

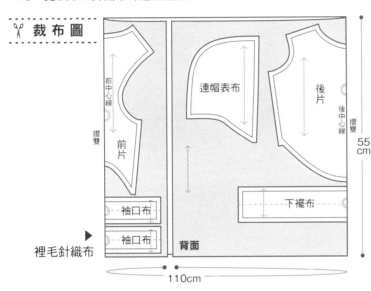

裡毛針織布

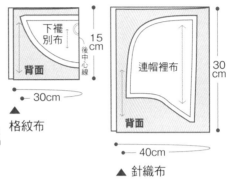

格紋布

針織布

製作順序

1 車縫肩線

1 前後片肩線正面相對疊合，車縫縫份1cm處。

2 縫份進行Z字形車縫（步驟**1**的邊端），裁剪多餘縫份。

3 依相同作法縫製另一側肩線。

4 縫分倒向前片。

2 車縫脇邊線

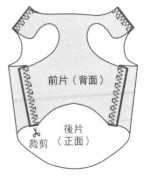

1 前後片脇邊正面相對疊合，車縫縫份1cm處。

2 縫份進行Z字形車縫（步驟**1**的邊端），裁剪多餘縫份。

3 依相同作法縫製另一側脇線。

4 縫份倒向前片。

③ 製作連帽，接縫身片頸圍

1
連帽表裡布各自正面相對疊合，車縫縫份1cm處。

連帽表布（背面）
連帽裡布（背面）

2
攤開連帽表裡布，正面相對疊合。兩片連帽口車縫縫份處，翻至正面。

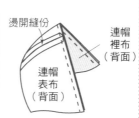

燙開縫份
連帽裡布（背面）
連帽表布（背面）

3
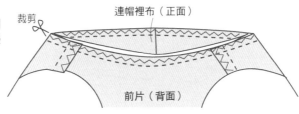

連帽表布（正面）
連帽口
連帽裡布（正面）
0.5cm
頸圍兩端重疊0.5cm，車縫固定。

4
帽口至前片中心位置，連帽和身片頸圍正面相對疊合，車縫縫份1cm處。布邊進行Z字形車縫。裁剪多餘縫份。

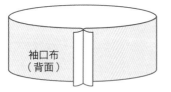

裁剪
連帽裡布（正面）
前片（背面）

④ 製作袖口布・接縫至袖襱

1
如圖所示袖口布正面相對對摺，車縫縫份1cm處，燙開縫份。

袖口布（背面）

2
袖口布對摺。

袖口布（正面）

3
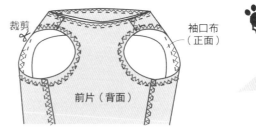

裁剪
袖口布（正面）
前片（背面）

袖口布對齊身片脇邊，袖襱以珠針均等固定。車縫縫份1cm處，布邊進行Z字形車縫。裁剪多餘縫份。

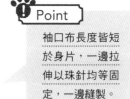

> **Point**
> 袖口布長度皆短於身片，一邊拉伸以珠針均等固定，一邊縫製。

⑤ 車縫下襬別布

1
下襬別布進行Z字形車縫。

下襬別布（正面）

2
下襬往內摺疊1cm，車縫距邊端0.7cm處。

下襬別布（背面）

⑥ 製作下襬布・接縫下襬別布

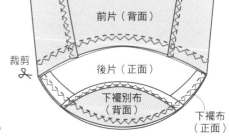

前片（背面）
裁剪
後片（正面）
下襬別布（背面）
下襬布（正面）

1 依袖口布相同作法縫製下襬布。

2 下襬布和下襬別布重疊身片下襬，以珠針固定。後片合印記號對齊下襬別布邊端，注意不要拉扯到下襬布（但沿著前片下襬車縫時一邊拉伸均等固定）。

3 縫份1cm處車縫，布邊進行Z字形車縫。裁剪多餘縫份。

開襟領T恤

✦ 材料

- 110×寬60cm Waffle針織布（前片・後片・頸圍布・袖口布・下襬布）
- 12×寬15cm 棉質紗布（短冊）
- 直徑1.5cm 釦子2個

✂ 裁布圖

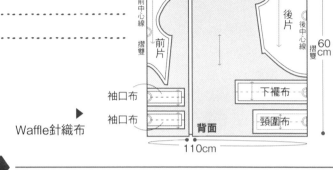

Waffle針織布　▶

110cm

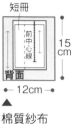

🐾 完成的樣子

短冊

前中心線

15cm

背面

← 12cm →

▲

棉質紗布

製作順序 ▶

1 製作前開口

1
短冊三邊進行Z字形車縫。背面描繪紙型上的開口線。

短冊（背面）

2
虛線（邊端開始3cm處）往內摺疊，以熨斗燙壓褶痕。

短冊（正面）

3
前片正面（前中心線1.25cm處）描繪開口線。

1.25cm

前片（正面）　前中心線

4
前片和短冊開口線重疊，車縫兩端開口線（線開始0.2cm處）。

短冊（背面）　前片（正面）

5
裁剪開口線注意不要剪到縫線，止縫點請剪三角形牙口。

裁剪

短冊（背面）　前片（正面）

6
短冊翻至前片內側。

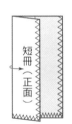

前片（背面）　短冊（正面）

7
依褶線摺疊短冊，以珠針固定。

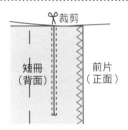

前片（背面）　短冊（正面）

8
前片翻至正面，短冊進行邊機縫。

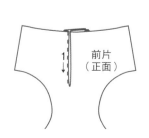

前片（正面）

9
如圖所示依相同作法縫製另一邊短冊。

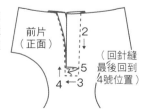

前片（正面）

（回針縫最後回到4號位置）

10
頸圍開始1.5cm處製作第一、第二釦子用的釦眼，短冊縫上釦子。

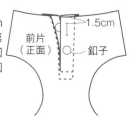

1.5cm

前片（正面）　釦子

2 車縫肩線和脇線

1 前後片脇線正面相對疊合，車縫縫份1cm處。

2 縫份進行Z字形車縫。（步驟 **1** 的邊端），裁剪多餘縫份。

3 依相同作法縫製另一側脇邊。

4 依相同作法縫製肩線。

5 縫份倒向前側。

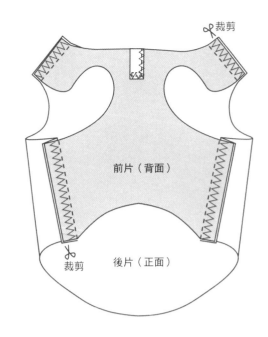

3 製作頸圍&袖口布・接縫

1 如圖所示頸圍布正面相對對摺，車縫縫份1cm處，燙開縫份。

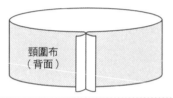

2 頸圍布對摺。

3 下襬依相同作法縫製。

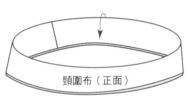

4 袖口布縫線對齊身片脇邊，以珠針均等固定至袖襱。車縫縫份1cm，布邊進行Z字形車縫。裁剪多餘縫份。

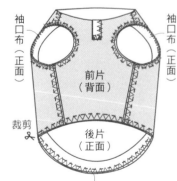

5 下襬布也依相同作法縫製。

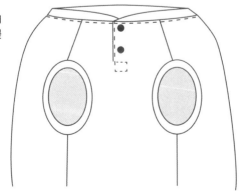

6 頸圍布背面相對對摺。

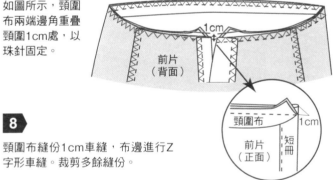

7 如圖所示，頸圍布兩端邊角重疊頸圍1cm處，以珠針固定。

8 頸圍布縫份1cm車縫，布邊進行Z字形車縫。裁剪多餘縫份。

9 翻起頸圍布，縫份倒向身片側。車縫頸圍距邊端0.5cm。

Point 頸圍布・袖口布・下襬布長度皆短於身片，一邊拉伸以珠針均等固定，一邊縫製。

襯衫連帽衣

材料

● 110×寬50cm 彈性丹寧布（前片・後片・袖子）
● 50×寬30cm 天竺針織布（連帽表布）
● 50×寬30cm 針織布（連帽裡布）
● 3.5×寬29.5cm 黏著襯2片
● 直徑1.5cm 四合釦4組

完成的樣子

裁布圖

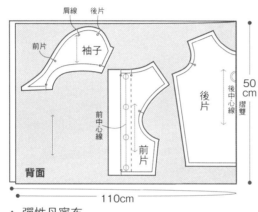

▲ 彈性丹寧布

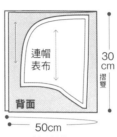

▲ 天竺針織布
（連帽表布）

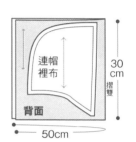

▲ 針織布
（連帽裡布）

製作順序

1 前片貼上黏著襯・縫份進行Z字形車縫

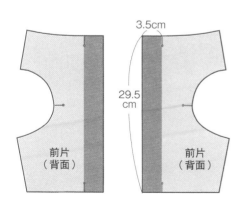

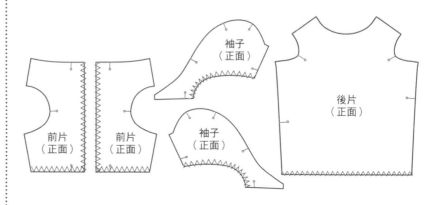

1 以熨斗將3.5×寬29.5cm黏著襯，貼至前片邊端。

2 前片・袖子・後片進行Z字形車縫。

② 製作連帽

1

連帽表裡布各
自正面相對疊
合，車縫縫份
1cm處。

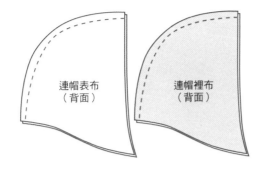

連帽表布
（背面）

連帽裡布
（背面）

2

攤開連帽表裡
布，正面相對
疊合。兩片連
帽口車縫1cm
處，翻至正
面。

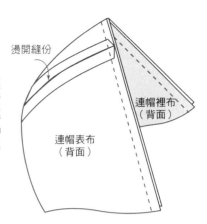

燙開縫份

連帽裡布
（背面）

連帽表布
（背面）

③ 製作袖子

1

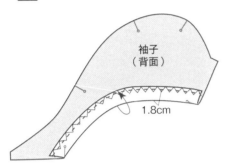

袖子
（背面）

1.8cm

袖口縫份內摺2cm，車縫距邊端1.8cm
處。

2

袖子
（正面）

袖子
（背面）

袖口對摺，車縫距邊端1cm，布邊進行Z
字形車縫。

3

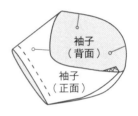

袖子
（背面）

袖子
（正面）

袖子翻至正面。

④ 車縫前端

1

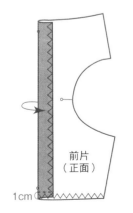

前片
（正面）

1cm

依前片邊端合印記號翻至
正面，車縫下襬1cm處。

2

前片
（背面）

邊角翻至正面，下襬往內摺疊
1cm。車縫距邊端0.8cm處。

⑤ 車縫肩線・脇線

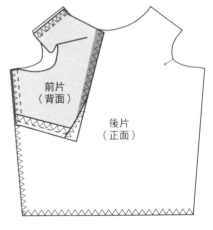

前片
（背面）

後片
（正面）

1 前後片的肩線和脇線正面相對疊合，車縫縫份1cm處。布
邊進行Z字形車縫。脇邊至下襬進行Z字形車縫。

2 依相同作法縫製另一側。

6 接縫袖子

1 車縫時注意左右袖子位置不要搞錯。袖子和身片正面相對疊合，車縫袖襱縫份1cm處。布邊進行Z字形車縫。

2 依相同作法縫製另一側袖子。

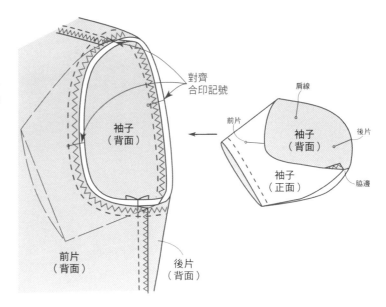

對齊
合印記號

肩線

前片

袖子
（背面）

袖子
（背面）

後片

袖子
（正面）

脇邊

前片
（背面）

後片
（背面）

7 接縫連帽·車縫前片邊端

1

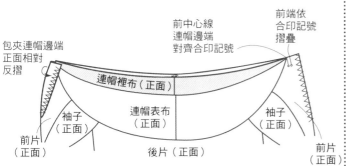

包夾連帽邊端
正面相對
反摺

前中心線
連帽邊端
對齊合印記號

前端依
合印記號
摺疊

連帽裡布（正面）

連帽表布
（正面）

袖子
（正面）

袖子
（正面）

前片
（正面）

後片（正面）

前片
（正面）

前片前中心線對齊連帽兩端，連帽和頸圍以珠針固定。前片邊端依褶線記號包夾連帽邊端反摺。

2

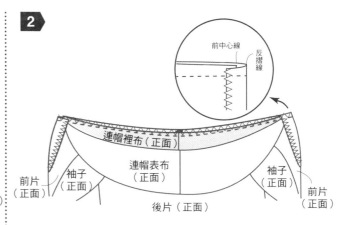

前中心線

反摺線

連帽裡布（正面）

連帽表布
（正面）

袖子
（正面）

袖子
（正面）

前片
（正面）

後片（正面）

前片
（正面）

車縫頸圍縫份1cm。布邊進行Z字形車縫。前片邊端反摺至正面，熨燙整理。

3

3cm

3cm

前片
（背面）

後片
（背面）

前片
（背面）

從前片車縫邊端3cm處，後片脇邊兩端往內摺疊1cm，車縫距邊端0.8cm處。

4

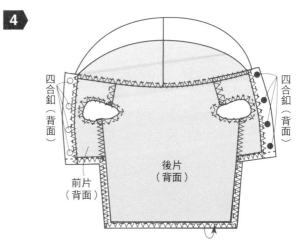

四合釦
（背面）

四合釦
（背面）

前片
（背面）

後片
（背面）

下襬往內摺疊1cm，車縫距邊端0.8cm處。前片邊端（參考紙型）裝上四合釦。

耳罩式脖圍

🔲 材料

- 37×寬27cm 裡毛針織布（本體）
- 29×寬6cm 針織布2片（本體）
- 彈性線

✂ 裁布圖

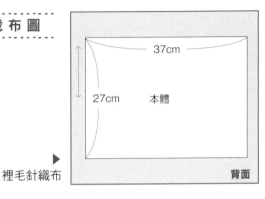

裡毛針織布

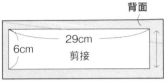

▲ 針織布

🐾 完成的樣子

製作順序 ▶

1 本體抽細褶

1
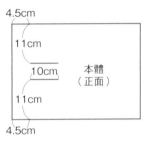

本體正面抽細褶的位置畫上合印記號。

2
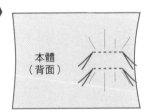

從正面車縫彈性線（始縫點和止縫點不需回針縫，兩端縫線預留長一點）。彈性線長度為5cm。兩端打結固定。

2 本體對摺

1

本體正面相對對摺，車縫縫份1cm處。布端Z字形車縫，裁剪多餘縫份。

3 製作剪接・接縫

1 如圖所示剪接相對對摺，車縫縫份1cm處，燙開縫份。

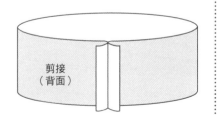

2 剪接正面對摺。

3 依相同作法縫製另一片。

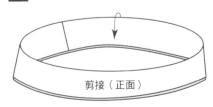

4
本體上下端車縫縫份1cm處。剪接長度皆短於本體，一邊拉伸以珠針均等固定，布端進行Z字形車縫，裁剪多餘縫份。

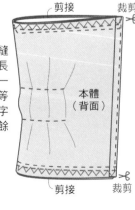

雙面壓棉外套

⊞ 材料

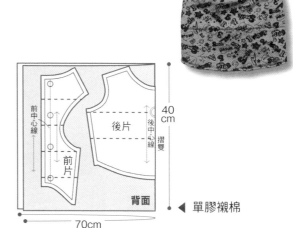

☙ 完成的樣子

- 110×寬40cm 裡毛針織布（表布：前片・後片・領子）
- 110×寬40cm 針織布（裡布：前片・後片・領子）
- 70×寬40cm 單膠襯棉（前片・後片）
- 1.5×寬1.5cm 魔鬼氈 4 組

✂ 裁布圖

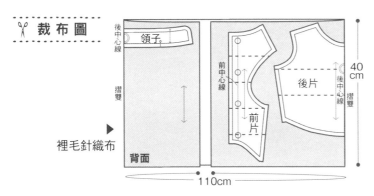

裡毛針織布

110cm

40cm

單膠襯棉

70cm

40cm

製作順序

1 表布背面 車縫 單膠襯棉

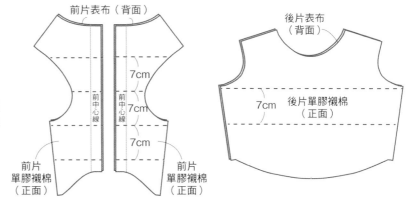

1 前後片表布背面和單膠襯棉背面相對疊合，以珠針固定。單膠襯棉上畫上縫線（參考紙型）。沿著描繪的線車縫。

2 車縫肩線

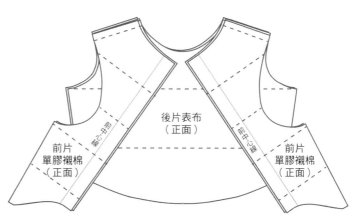

1 表布前後片肩線正面相對疊合，車縫縫份1cm處。燙開縫份。

2 裡布肩線也依相同作法縫製。

③ 製作領子 · 接縫

裁剪

領子表布（背面）

1 領子表裡布正面相對疊合，車縫縫份1cm處。

2 弧度部分縫份裁剪成0.5cm，這樣翻至正面熨燙處理時才會漂亮。

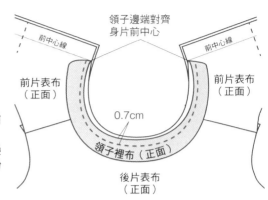
領子邊端對齊身片前中心
前中心線
前中心線
前片表布（正面）
前片表布（正面）
0.7cm
領子裡布（正面）
後片表布（正面）

3 領子兩端對齊前片前中心線，身片頸圍重疊領子，於縫份0.7cm處車縫。

④ 接縫表布和裡布

1 表裡布正面相對重疊，如圖所示車縫縫份1cm處。燙開縫份。前片下襬空出3cm。翻至正面時為避免不均，先裁剪邊角，注意不要剪到縫線。

2 從後片下襬伸入手，前片背面相對疊合翻至正面。

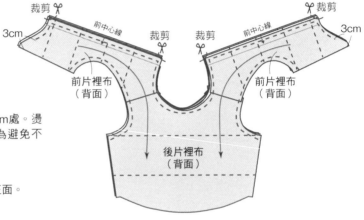
裁剪 ✂
前中心線
裁剪
裁剪 ✂
前中心線
裁剪 ✂
3cm
3cm
前片裡布（背面）
前片裡布（背面）
後片裡布（背面）

3 後片和前片的表裡布各自重疊車縫脇邊。

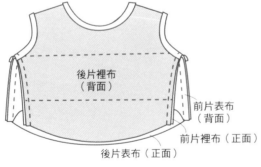
後片裡布（背面）
前片表布（背面）
前片裡布（正面）
後片表布（正面）

4 整理形狀，邊機縫固定。如圖所示車縫身片周圍。

5 袖襱邊機縫固定。

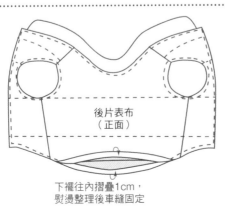
後片表布（正面）
下襬往內摺疊1cm，熨燙整理後車縫固定

⑤ 車縫 魔鬼氈

1

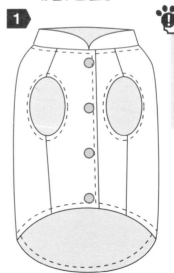

Point

魔鬼氈較柔軟一面需面向身體，這樣狗狗穿起來才會舒適。

前片邊端（參考紙型）縫上魔鬼氈。

條紋運動衣

材 料

- 50×寬40cm 天竺針織布（後片）
- 110×寬55cm 壓棉針織布（前片・袖子・袖口布・下襬布・頸圍布）

完成的樣子

裁 布 圖

壓棉針織布

天竺針織布

製作順序

1 後片車縫裝飾線

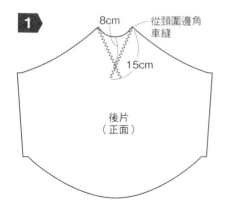

如圖所示，後片頸圍邊角在正面畫上15cm線條，從上面進行Z字形車縫。

2 製作袖子

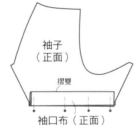

1 袖口布背面相對對摺。袖口和袖口布以珠針固定（袖口布長度皆短於身片，一邊拉伸以珠針均等固定）。

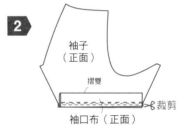

2 車縫縫份距邊端1cm處，布邊進行Z字形車縫。裁剪多餘縫份。

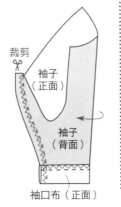

3 袖口對摺，車縫袖下縫份1cm處，布邊進行Z字形車縫。裁剪多餘縫份。

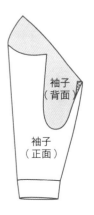

4 袖子翻至正面。

③ 車縫脇邊

1 前後片脇邊正面相對疊合，車縫縫份1cm處。

2 縫份進行Z字形車縫（步驟**1**的邊端），裁剪多餘縫份。

3 依相同作法縫製另一側脇邊。

4 縫份倒向前側。

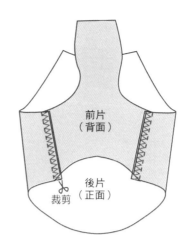

④ 接縫袖子

1 車縫時注意左右袖子位置不要搞錯。袖子和身片正面相對疊合，車縫袖襱縫份1cm。裁剪多餘部分。

2 依相同作法縫製另一側袖子。

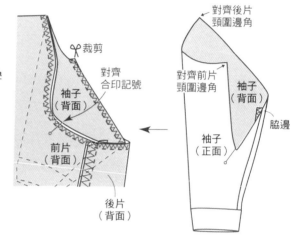

⑤ 製作頸圍布・下襬布・接縫

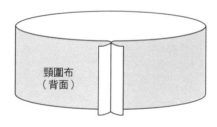

1 如圖所示頸圍布正面相對對摺，車縫縫份1cm處，燙開縫份。

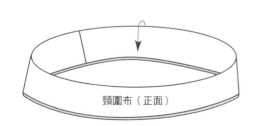

2 正面對摺。

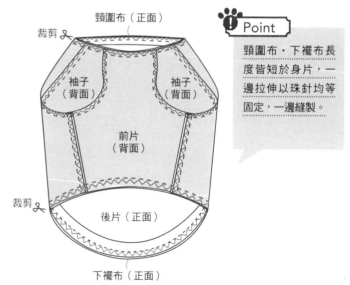

> **Point**
>
> 頸圍布・下襬布長度皆短於身片，一邊拉伸以珠針均等固定，一邊縫製。

3 頸圍布縫線對齊身片前片邊端，身片和頸圍布正面相對疊合，以珠針固定。車縫縫份1cm處，布邊進行Z字形車縫。裁剪多餘縫份。

4 依相同作法縫製下襬布。

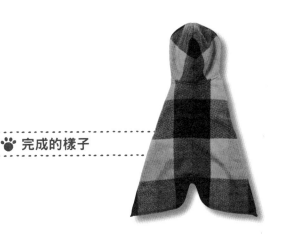

🐕 大衣

⊞ 材料

- 110×寬65cm 粗花呢（表布用：後片・連帽・腰帶）
- 110×寬65cm 刷毛布（裡布用：後片・連帽）
- 5×寬1.5cm 魔鬼氈2組

✂ 裁布圖

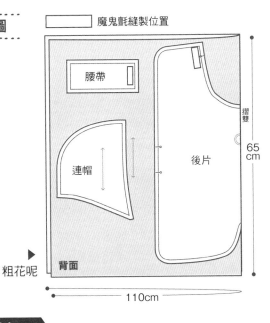

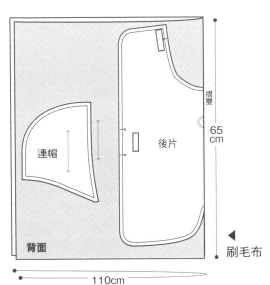

製作順序

1 製作連帽

1

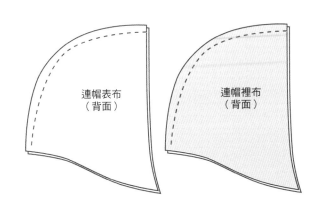

連帽表裡布各自正面相對重疊，車縫縫份1cm處。

2

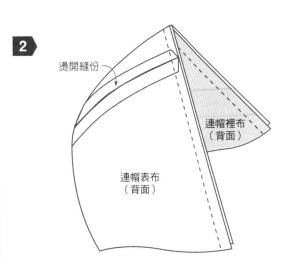

攤開連帽表裡布，正面相對疊合。兩片連帽口一起車縫。翻至正面。

2 製作腰帶

腰帶裡布（正面）

腰帶表布（背面）

1 腰帶正面相對重疊，三邊縫份車縫1cm處。

腰帶裡布（正面）

2 翻至正面，車縫邊端。

3 車縫身片

> **Point**
> 魔鬼氈較柔軟一面需面向身體，這樣狗狗穿起來才會舒適。

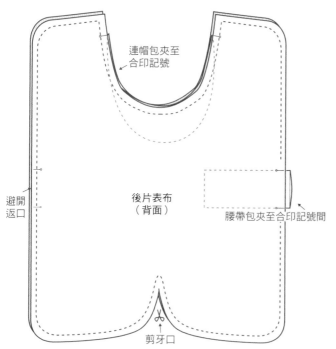

連帽包夾至合印記號

避開返口

後片表布（背面）

腰帶包夾至合印記號間

剪牙口

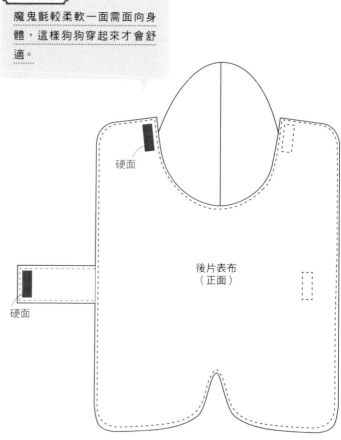

硬面

後片表布（正面）

硬面

1 後片正面相對疊合，連帽和腰帶表裡布各自正面相對疊合包夾，以珠針固定。

2 車縫周圍縫份1cm處，預留返口7至8cm。後片下襬剪牙口，注意不要剪到縫線。

3 從返口翻至正面，車縫周圍邊端。

4 車縫魔鬼氈（車縫位置參考紙型）。請配合狗狗的尺寸來決定頸圍、腰圍縫製位置。

散步包

材料

- 50×寬38cm 粗花呢（表布）
- 50×寬38cm 棉質布料（裡布）
- 寬4cm持手用握繩32cm×2條
- 標籤（車縫至自己喜歡的部位）

完成的樣子

裁布圖

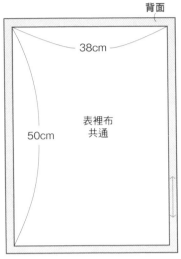

背面

38cm

50cm

表裡布
共通

▶ 粗花呢
・棉質布料

製作順序

1 製作口袋

1

表布兩端往內摺疊1cm。裡布往內摺疊1.5cm，製作褶痕。

表布
（背面）

2

表布
（背面）

表布正面相對疊合，車縫兩端縫份1cm處。燙開縫份。裡布縫份1.5cm依相同作法縫製。

3

表布
（背面）

10cm

邊角如圖所示，需摺疊10cm三角形側幅，請先以消失筆描繪線條。另一邊角、裡布依相同作法縫製。

4

如圖所示，重疊表裡布側幅，依步驟 3 的描線一起車縫。

表布
（背面）

裡布
（背面）

5 表布覆蓋至裡布，依步驟 1 褶痕反摺袋口。

6 袋口包夾持手3cm，表裡袋口一起車縫。

7 為固定持手，車縫四角。

裡布
（正面）

9cm

9cm

9cm

表布
（正面）

紳士領襯衫

材料

- 110×寬65cm 棉質青年布（前片・後片・袖子）
- 110×寬40cm 白棉質布料（領子・領台・袖口）
- 直徑1.1cm襯衫鈕4顆

完成的樣子

裁布圖

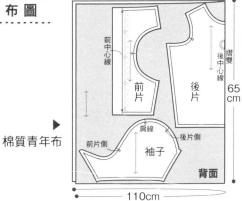

▶ 棉質青年布

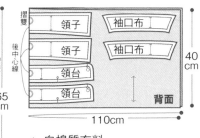

▲ 白棉質布料

製作順序

1 Z字形車縫

1 如圖所示前後片進行Z字形車縫。

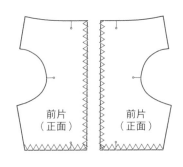

2 前片車縫下襬

1 依前片邊端合印記號翻至正面，車縫下襬1cm處。

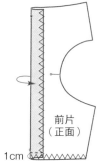

1cm

2 邊角翻至正面，下襬往內摺疊1cm。車縫距邊端0.8cm。

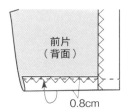

0.8cm

3 依前片邊端合印記號往內摺疊，車縫距邊端2cm。

2cm

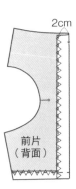

4 依相同作法縫製另一側的前片。

3 車縫肩線和脇線

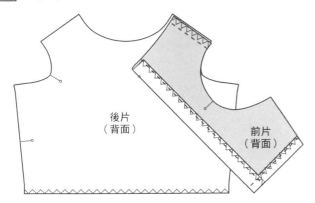

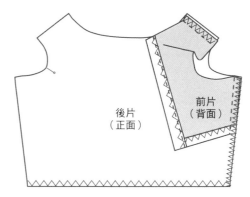

1 前後片肩線正面相對疊合，車縫縫份1cm，布邊進行Z字形車縫。

2 前後片脇邊縫份車縫1cm處。從脇邊至下襬邊端進行Z字形車縫。

3 依相同作法縫製另一側的前片。

4 製作袖子・接縫

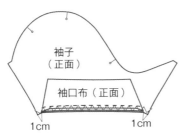

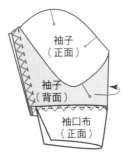

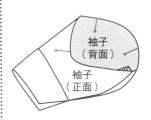

1 袖口布正面相對疊合，車縫縫份1cm處。

2 裁剪邊角注意勿剪到縫線。翻至正面。

3 袖口兩端空出1cm，袖口布正面相對重疊，車縫縫份1cm處後進行Z字形車縫。

4 袖口對摺，車縫縫份1cm處，布邊進行Z字形車縫。

5 袖子翻至正面。

6 車縫時注意左右袖子位置不要搞錯。袖子和身片正面相對疊合，車縫袖襱縫份1cm處。布邊進行Z字形車縫。

7 依相同作法縫製另一側袖子。

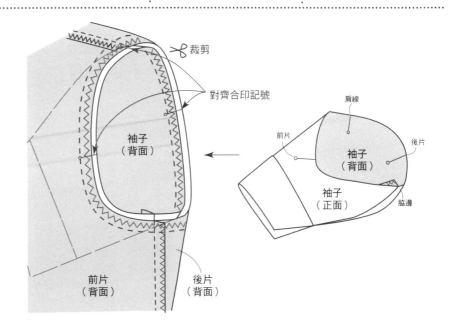

5 製作領子・接縫

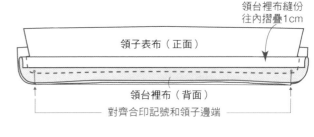

1 領子兩片正面相對疊合，車縫縫份1cm處。

2 裁剪邊角注意勿剪到縫線，翻至正面。熨燙整理。

3 如圖所示領台包夾領子正面相對疊合，車縫領台縫份1cm。

4 領台翻至正面，以熨斗熨燙整理。

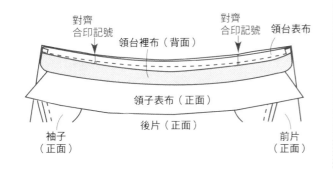

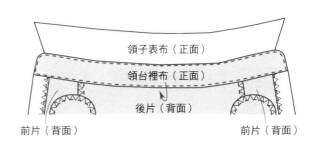

5 如圖所示領台和身片頸圍正面相對疊合，車縫頸圍邊端縫份1cm。注意要避開領台裡布。

6 領台往內摺疊1cm，覆蓋步驟 **1** 的縫線，以珠針固定，領台從正面車縫。

6 車縫下襬・裝上釦子

1

後片兩端往內摺疊1cm，車縫距邊端0.8cm處。

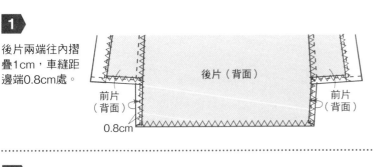

2

下襬往內摺疊1cm，車縫距邊端0.8cm處。

3

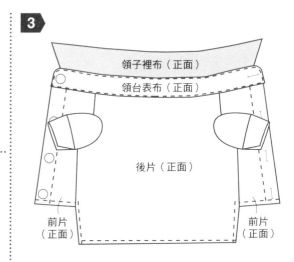

四顆釦眼均等配置，手縫上釦子（縫製位置參考紙型）。

亞麻連身裙

⊞ 材料

- ●110×寬55cm 亞麻布（前片・領子・後片・裙片上層）
- ●60×寬25cm 蕾絲布（裙片下層）

🐾 完成的樣子

✂ 裁布圖

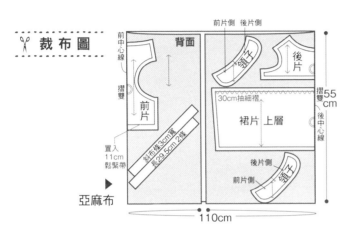

亞麻布

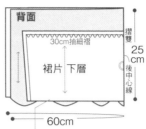

▲ 蕾絲布

製作順序 ▶

1 前片下襬加入鬆緊帶

1
前片下襬進行Z字形車縫。

2
前片下襬往內摺疊1.5cm，車縫距邊端1.2cm處。

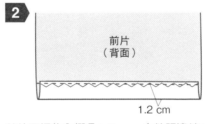

3
裁剪鬆緊帶11cm，穿過下襬。避免鬆緊帶鬆脫兩端固定。

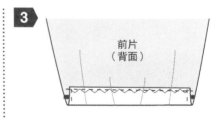

2 製作後片

1 裙片上層下襬進行Z字形車縫。縫份1cm往內摺疊。車縫距邊端0.8cm處。

2 如圖所示裙片上層車縫兩條粗針目縫線。始縫點和止縫點預留多一點縫線。

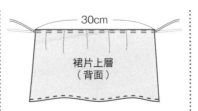

3 抽拉上層縫線至長度30cm。上下縫線打結固定細褶。

4 依相同作法縫製裙片下層。

5 裙片下層重疊裙片上層，再和後片下襬正面相對疊合，車縫縫份1cm處，布邊進行Z字形車縫。

87

3 車縫肩線

1 前後片肩線車縫縫份1cm處，縫份進行Z字形車縫。

2 依相同作法縫製另一側肩線。

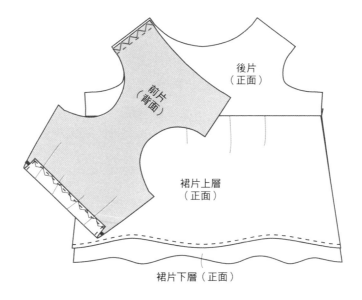

前片（背面）

後片（正面）

裙片上層（正面）

裙片下層（正面）

4 製作領子・接縫

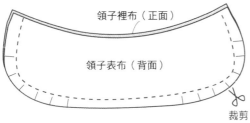

領子裡布（正面）

領子表布（背面）

裁剪

1 領子表裡布正面相對疊合，車縫縫份1cm處，弧度每隔1.5cm剪牙口（注意不要剪到縫線）。領子縫份倒向單側，以熨斗燙壓褶痕。

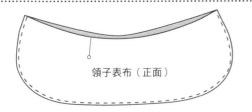

領子表布（正面）

2 領子翻至正面。　**3** 另一片領子依相同作法縫製。

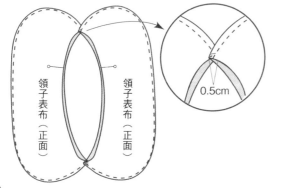

領子表布（正面）　領子表布（正面）

0.5cm

4 領子邊端重疊0.5cm車縫。

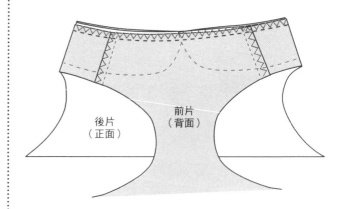

後片（正面）

前片（背面）

5 身片頸圍和領子表面正面相對疊合。車縫縫份1cm處，布邊進行Z字形車縫。

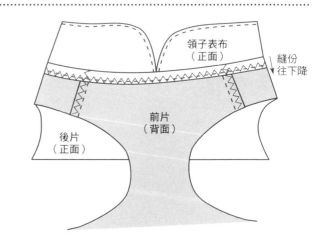

領子表布（正面）

縫份往下降

後片（正面）

前片（背面）

6 領子翻至上側，步驟 **5** 車縫的縫份倒向身片側，車縫縫份距邊端0.8cm處。

5 車縫袖襱

1 斜布條依1cm寬度三摺邊，以熨斗熨燙製作褶線，再展開斜布條。

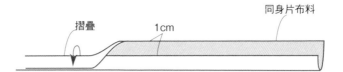

摺疊　1cm　同身片布料

2 袖襱和斜布條正面相對重疊，車縫縫份1cm處。

3 沿著斜布條褶線反摺，不要露出正面。從正面車縫袖襱邊端0.8cm。

4 另一側袖子也依相同作法縫製。

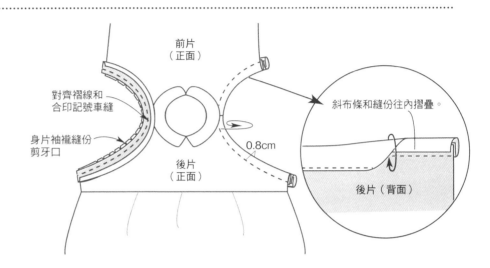

前片（正面）

對齊褶線和合印記號車縫

身片袖襱縫份剪牙口

後片（正面）

0.8cm

斜布條和縫份往內摺疊。

後片（背面）

6 車縫脇邊

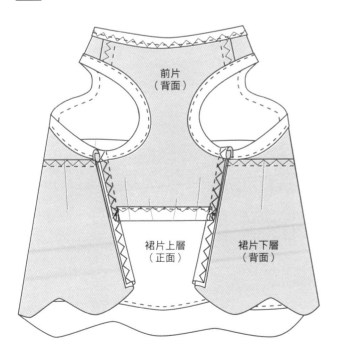

前片（背面）

裙片上層（正面）　裙片下層（背面）

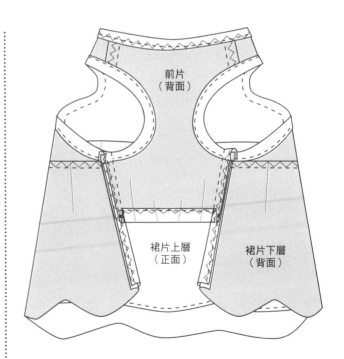

前片（背面）

裙片上層（正面）　裙片下層（背面）

1 前後片脇邊縫份車縫1cm處。縫份進行Z字形車縫。（裙片上層‧裙片下層一起車縫）

2 脇邊縫份倒向後片側1cm。車縫距邊端0.8cm處（至裙片下襬為止，裙片上層‧裙片下層一起車縫）。

燈籠造型連身裙

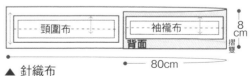

材 料
- 80×寬40cm 天竺針織布（前片・後片・後剪接）
- 80×寬8cm 針織布（頸圍布・袖襬布）

完成的樣子

✂ 裁布圖

天竺針織布▶

▲ 針織布

製作順序

1　製作後片

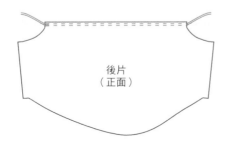

1 細褶部分的縫份車縫兩條粗針目縫線。始縫點和止縫點預留多一點縫線。

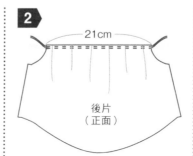

2 抽拉上線至長度21cm。上下線打結固定細褶。

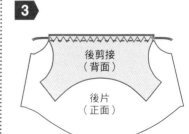

3 後片正面相對重疊剪接片，車縫縫份1cm處，布邊進行Z字形車縫。

2　車縫肩線和脇邊

1 前後片脇線正面相對疊合，車縫縫份1cm處。正面相對重疊。

2 縫份進行Z字形車縫（步驟**1**的邊端），裁剪多餘縫份。

3 依相同作法縫製另一側脇邊。

4 依相同作法縫製肩線。

5 縫份倒向前側。

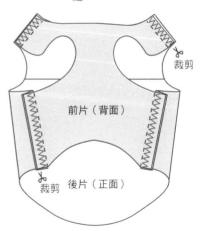

③ 製作頸圍布・接縫

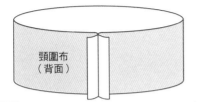

頸圍布
（背面）

1 如圖所示頸圍布正面相對對摺，車縫縫份1cm處，燙開縫份。

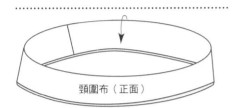

頸圍布（正面）

2 頸圍布正面對摺。

3 依相同作法縫製袖襱布。

4 頸圍布縫線對齊身片一邊肩線，以珠針均等固定頸圍。車縫縫份1cm，布邊進行Z字形車縫。裁剪多餘縫份。

5 依相同作法縫製袖襱布。

Point

頸圍布・袖襱布長度皆短於身片，一邊拉伸以珠針均等固定，一邊縫製。

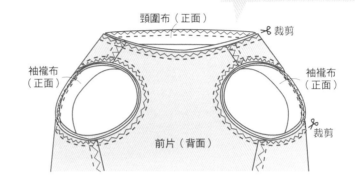

頸圍布（正面）　　裁剪

袖襱布（正面）

袖襱布（正面）

裁剪

前片（背面）

④ 車縫下襬

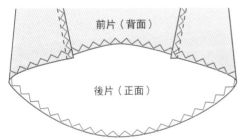

前片（背面）

後片（正面）

1 下襬進行Z字形車縫。

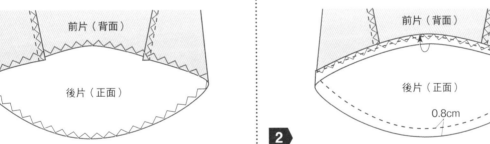

前片（背面）

後片（正面）

0.8cm

2 往內摺疊縫份1cm，車縫距邊端0.8cm處。

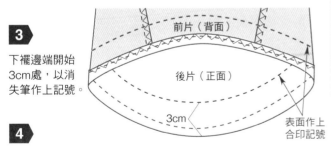

前片（背面）

後片（正面）

3cm

表面作上合印記號

3 下襬邊端開始3cm處，以消失筆作上記號。

4 將彈性線捲繞在梭子上，裝在縫紉機內。縫目寬度調節大一點，下線張力調鬆一點。

※放置好的梭子不需通過縫紉機的溝槽，直接拉出下線即可。
※先試縫看看，製作均勻平緩的細褶，如果不行請將上線張力調鬆試試看。

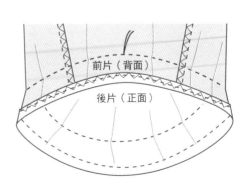

前片（背面）

後片（正面）

5 沿著記號線從正面直線車縫。始縫和止縫處無需回針縫，兩端預留長一點的縫線。配合狗狗腰圍調節鬆緊度，將上線拉進背面和下線打結，細褶才不會鬆掉。

雅致大衣

材料

- 110×寬50cm 亞麻布（前片・後片・袖子・貼邊）
- 70×寬20cm 黏著襯
- 直徑1.1cm 四合釦 4 組

✂ 裁布圖

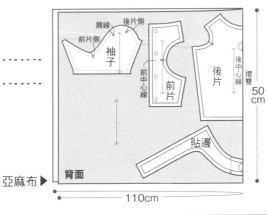

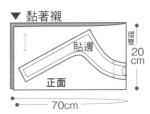

☙ 完成的樣子

製作順序

1 貼上黏著襯・指定部位Z字形車縫

1 貼邊背面貼上黏著襯，如圖所示進行Z字形車縫。

2 前片・袖子・後片進行Z字形車縫。

2 車縫肩線

1 前後片肩線正面相對疊合，車縫縫份1cm處。布邊進行Z字形車縫。

2 也以相同作法製作另一邊肩線。

3 接縫貼邊・車縫前片下襬

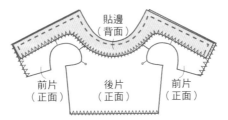

1 身片正面相對疊合貼邊，依前片下襬至頸圍至前片下襬順序，車縫縫份1cm處。

2 貼邊翻至正面，前片下襬往內摺疊1cm，車縫下襬距邊端0.8cm處。接著車縫貼邊邊端。

4 車縫脇邊

1

前後片脇邊正面相對疊合，車縫縫份1cm處。至後片下襬為止，布邊進行Z字形車縫。

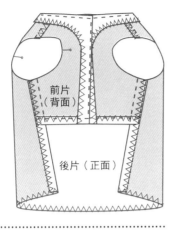

前片（背面）

後片（正面）

2

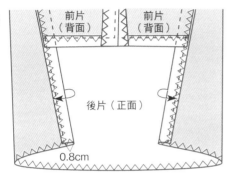

前片（背面）　前片（背面）

後片（正面）

0.8cm

兩脇邊往內摺疊1cm，車縫距邊端0.8cm處。

5 製作袖子

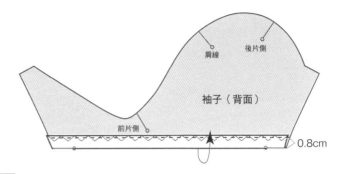

肩線　後片側

袖子（背面）

前片側

0.8cm

1 袖口縫份1cm往內摺疊，車縫距邊端0.8cm處。

袖子（正面）

袖子（背面）

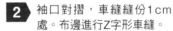

2 袖口對摺，車縫縫份1cm處。布邊進行Z字形車縫。

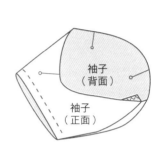

袖子（背面）

袖子（正面）

3 袖子翻至正面。

6 接縫袖子

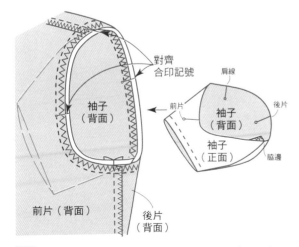

對齊合印記號

肩線

袖子（背面）

前片　袖子（背面）　後片

袖子（正面）

脇邊

前片（背面）

後片（背面）

1 車縫時注意左右袖子位置不要搞錯。袖子和身片正面相對疊合，車縫袖襱縫份1cm處。布邊進行Z字形車縫。

2 依相同作法縫製另一側袖子。

7 車縫下襬・裝上四合釦

1

下襬1cm往內摺疊，車縫距邊端0.8cm處。

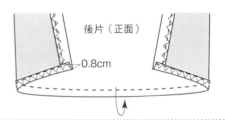

後片（正面）

0.8cm

2

依均等間隔裝上四合釦（參考紙型）。

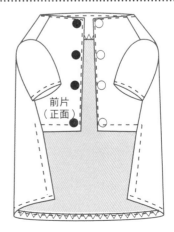

前片（正面）

白色棉質襯衫

材料

- 110×寬35cm 白棉質布料（前片・後片・袖子）
- 2.5×寬24cm 黏著襯2片
- 直徑1.7cm 裝飾釦2個
- 直徑1.3cm 手縫暗釦4組
- 115.5cm長蕾絲（頸圍32.5cm・下襬45cm・袖口38cm）

完成的樣子

裁布圖

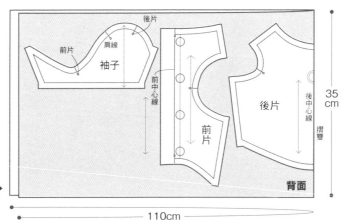

製作順序

1 前片貼上黏著襯

1 將2.5×寬24cm的黏著襯，以熨斗熨燙至前片邊端。

2 前片邊端進行Z字形車縫。

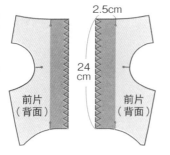

2 車縫肩線和脇邊

1 前後片脇線正面相對疊合，車縫縫份1cm處。布端進行Z字形車縫。

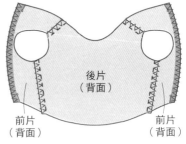

3 車縫前端・下襬和頸圍車縫蕾絲

1 依前片頸圍和下襬合印記號，前端正面相對疊合。

2 下襬用蕾絲45cm、頸圍用蕾絲32.5cm，各裁剪1條。

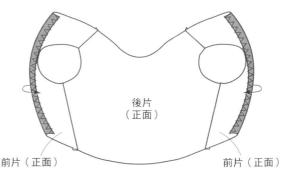

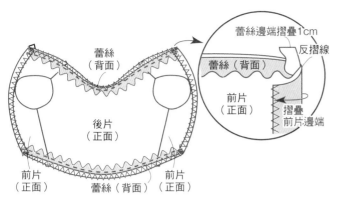

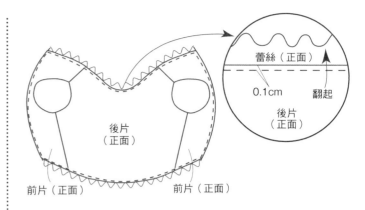

3 蕾絲兩端往內摺疊1cm，正面相對疊合重疊至頸圍、下襬。依步驟 **1** 摺疊的前片邊端包捲蕾絲，車縫縫份1cm處（蕾絲請先確認好位置再車縫）。

4 頸圍和下襬邊端進行Z字形車縫。

5 前片頸圍和下襬邊角反摺至正面，為穩定縫份從正面周圍車縫（邊端開始0.1cm）。

4 車縫袖子

1 裁剪兩條19cm長的蕾絲帶。

2 袖口往內摺疊1cm進行Z字形車縫。

3 從正面露出蕾絲邊端1cm，車縫距邊端0.1cm處。

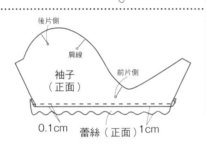

4 袖口對摺，車縫縫份1cm處，布端進行Z字形車縫。

5 袖子翻至正面。

5 接縫袖子

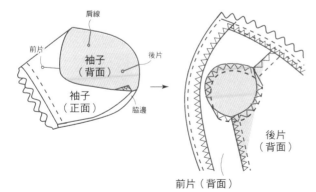

1 車縫時注意左右袖子位置不要搞錯。袖子和身片正面相對疊合，車縫袖襱縫份1cm處。布邊進行Z字形車縫。

2 依相同作法縫製另一側袖子。

6 手縫暗釦・正面裝上裝飾釦

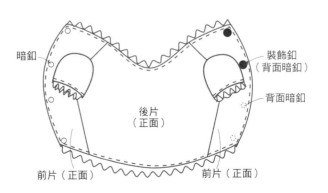

1 手縫四組暗釦，正面縫上兩顆裝飾釦。

國家圖書館出版品預行編目資料

活力滿分の狗狗穿搭設計書：主子親自動手作23款
可愛狗衣服＆布小物 / 武田斗環監修; 洪鈺惠譯.
-- 初版. – 新北市：雅書堂文化, 2016.11
　　面；　公分. -- (FUN手作; 111)
ISBN 978-986-302-341-8

1.縫紉 2.衣飾 3.犬

426.3　　　　　　　　　　　　105020841

FUN手作 111
活力滿分の狗狗穿搭設計書
主子親自動手作23款可愛狗衣服＆布小物

監　　修／武田斗環
譯　　者／洪鈺惠
發 行 人／詹慶和
總 編 輯／蔡麗玲
執行編輯／劉蕙寧
編　　輯／蔡毓玲・黃璟安・陳姿伶・李佳穎・李宛真
封面設計／陳麗娜
美術編輯／周盈汝・韓欣恬
內頁編排／造極
出 版 者／雅書堂文化事業有限公司
發 行 者／雅書堂文化事業有限公司
郵政劃撥帳號／18225950
郵政劃撥戶名／雅書堂文化事業有限公司
地　　址／220新北市板橋區板新路206號3樓
電　　話／(02)8952-4078
傳　　真／(02)8952-4084
網　　址／www.elegantbooks.com.tw
電子信箱／elegant.books@msa.hinet.net

2016年11月初版一刷　定價 350 元

Lady Boutique Series　No.3908
Oshare de Kantan! Tedzukuri Dog Wear
Copyright　2014 Boutique-sha, Inc.
All rights reserved.
Original Japanese edition published in Japan by BOUTIQUE-SHA.
Chinese (in complex character) translation rights arranged with BOUTIQUE-SHA
through KEIO CULTURAL ENTERPRISE CO., LTD.

總經銷：朝日文化事業有限公司
進退貨地址：235新北市中和區橋安街15巷1號7樓
電話：(02)2249-7714
傳真：(02)2249-8715

Staff

編輯統籌　丸山亮平
封面設計　川村世依子 (deux arbres)
攝　　影　川上博司
攝影協力　Hawaiian Dog Cafe【Tom&Lady】
　　　　　東京都台東区淺草3-24-8クレスト淺草1F
　　　　　TEL：+81-3-5808-9596
　　　　　https://www.facebook.com/asakusatomandlad
　　　　　汐入公園サービスセンター
　　　　　東京都荒川区南千住-8-13-1
　　　　　TEL：+81-3-3807-5181

縫製人員　大橋住江・上瀨誠子・加藤純子
　　　　　田畑悟子・新庄美千代
特別感謝　狗狗們和主人們
編　　輯　持田桂佑 (スタジオポルト)

SEWING 縫紉家 06

輕鬆學會機縫基本功
栗田佐穗子◎監修
定價：380 元

細節精細的衣服與小物，是如何製作出來的呢？一切都看縫紉機是否運用純熟！書中除了基本的手縫法，也介紹部分縫與能讓成品更加美觀精緻的車縫方法，並運用各種技巧製作實用的布小物與衣服，是手作新手與熟手都不能錯過的縫紉參考書！

SEWING 縫紉家 05

手作達人縫紉筆記
手作服這樣作就對了
月居良子◎著　定價：380 元

從畫紙型與裁布的基礎功夫，到實際縫紉技巧，書中皆以詳盡彩圖呈現；各種在縫紉時會遇到的眉眉角角、不同的衣服部位作法，也有清楚的插圖表示。大師的縫紉祕技整理成簡單又美觀的作法，只要依照解說就可以順利完成手作服！

SEWING 縫紉家 04

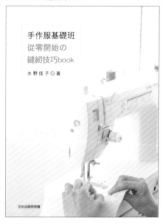

手作服基礎班
從零開始的縫紉技巧 book
水野佳子◎著　定價：380 元

書中詳細介紹了裁縫必需的基本縫紉方法，並以圖片進行解說，只要一步步跟著作，就可以完成漂亮又細緻的手作服！從整燙的方法開始、各種布料的特性、手縫與機縫的作法，不錯過任何細節，即使是從零開始的初學者也能作出充滿自信的作品！

完美手作服の
必看參考書籍

SEWING 縫紉家 03

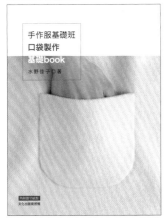

手作服基礎班
口袋製作基礎 book

水野佳子◎著　定價：320 元

口袋，除了原本的盛裝物品的用途外，同樣也是衣服的設計重點之一！除了基本款與變化款的口袋，簡單的款式只要再加上拉鍊、滾邊、袋蓋、褶子，或者形狀稍微變化一下，就馬上有了不同的風貌！只要多花點心思，就能讓手作服擁有自己的味道喔！

SEWING 縫紉家 02

手作服基礎班
畫紙型＆裁布技巧 book

水野佳子◎著　定價：350 元

是否常看到手作書中的原寸紙型不知該如何利用呢？該如何才能把紙型線條畫得流暢自然呢？而裁剪布料也有好多學問不可不知！本書鉅細靡遺的介紹畫紙型與裁布的基礎課程，讓製作手作服的前置作業更完美！

SEWING 縫紉家 01

全圖解 裁縫聖經（暢銷增訂版）
晉升完美裁縫師必學基本功

Boutique-sha ◎著　定價：1200 元

它就是一本縫紉的百科全書！從學習量身開始，循序漸進介紹製圖、排列紙型及各種服裝細節製作方式。清楚淺顯的列出各種基本工具、製圖符號、身體部位簡稱、打版製圖規則，讓新手的縫紉基礎可以穩紮穩打！而衣服的領子、袖子、口袋、腰部、下襬都有好多種不一樣的設計，要怎麼車縫表現才完美，已有手作經驗的老手看這本就對了！